全国高等院校环境设计专业规划教材

景观场地规划设计

韦爽真 —— 编著

Landscape Site
Planning and Design

西南师范大学出版社

国家一级出版社 全国百佳图书出版单位

图书在版编目（CIP）数据

景观场地规划设计 / 韦爽真编著 . - 重庆：西南师范大学出版社，2008.8（2021.7 重印）

全国高等院校环境艺术设计专业规划教材
ISBN 978-7-5621-4288-1

I. 景…　II. 韦…　III. 景观－场地设计－高等学校－教材　IV. TU-856 TU2

中国版本图书馆 CIP 数据核字（2008）第 125899 号

....

全国高等院校环境设计专业规划教材

景观场地规划设计
JINGGUAN CHANGDI GUIHUA SHEJI
编　　著：韦爽真

责任编辑：王正端　胡秀英
书籍设计：UFO_ 鲁明静　汤妮
出版发行：西南师范大学出版社
地　　址：重庆市北碚区天生路 2 号
邮　　编：400715
本社网址：http://www.xscbs.com
网上书店：http://xnsfdxcbs.tmall.com
电　　话：023-68860895
传　　真：023-68208984
经　　销：新华书店
制　　版：重庆海阔特数码分色彩印有限公司
印　　刷：重庆康豪彩印有限公司

幅面尺寸：210mm×285mm　　　　印　　张：7.75　　　　字　　数：248 千字
版　　次：2008 年 11 月第 1 版　　印　　次：2021 年 7 月第 7 次印刷
书　　号：ISBN 978-7-5621-4288-1
定　　价：62.00 元

本书如有印装质量问题，请与我社读者服务部联系更换。
读者服务部电话：023-68252471
市场营销部电话：023-68868624 68253705

西南师范大学出版社美术分社欢迎赐稿。
美术分社电话：(023)68254657　68254107

序

郝大鹏

环境艺术设计市场和教育在内地已经喧嚣热闹了多年，时代要求我们教育工作者本着认真负责的态度，沉淀出理性的专业梳理。面对一届届跨入这个行业的学生，给出较为全面系统的答案，本系列教材就是针对环境艺术专业的学生而编著的。

编著这套与课程相对应的系列教材是时代的要求，是发展的机遇，也是对本学科走向更为全面、系统的挑战。

它是时代的要求。随着经济建设全面快速的发展，环境艺术设计在市场实践中一直是设计领域的活跃分子，创造着新的经济增长点，提供着众多的就业机会，广大从业人员、自学者、学生亟待一套理论分析与实践操作相统一的，可读性强、针对性强的教材。

它是发展的机遇。大学教育走向全面的开放，从精英教育向平民教育的转变使得更为广阔的生源进到大学，学生更渴求有一套适合自身发展、深入浅出并且与本专业的课程能一一对应的教材。

它也是面向学科的挑战。环境艺术设计的教学与建筑、规划等不同的是它更具备整体性、时代性和交叉性，需要不断地总结与探索。经过二十多年的积累，学科发展要求走向更为系统、稳定的阶段，这套教材的出版，对这一要求无疑是有积极的推动作用的。

因此，本系列教材根据教学的实际需要，同时针对教材市场的各种需求，具备以下的共性特点：

1. 注重体现教学的方法和理念，对学生实际操作能力的培养有明确的指导意义，并且体现一定的教学程序，使之能作为教学备课和评估的重要依据。从培养学生能力的角度分为理论类、方法类、技能类三个部分，细致地讲解环境艺术设计学科各个层面的教学内容。

2. 紧扣环境艺术设计专业的教学内容，充分发挥作者在此领域的专长与学识。在写作体例上，一方面清楚细致地讲解每一个知识点、运用范围及传承与衔接；另一方面又展示教学的内容，学生的领受进度。形成严谨、缜密而又深入浅出、生动的文本资料，成为在教材图书市场上与学科发展紧密结合、与教学进度紧密结合的范例，成为覆盖面广、参考价值高的第一手专业工具书与参考书。

3. 每一本书都与设置的课程相对应，分工较细、专业性强，体现了编著者较高的学识与修养。插图精美、说明图例丰富、信息量大。

最后，我们期待着这套凝结着众多专业教师和专业人士丰富教学经验与专业操守的教材能带给读者专业上的帮助。也感谢西南师范大学出版社的全体同人为本套图书的顺利出版所付出的辛勤劳动，预祝本套教材取得成功！

前言

场地设计是环境艺术设计和景观设计的一门专业基础课，是景观设计的入门课程，也是我自己最热爱教授的一门课程。"为什么我要写这本教材？"有几点考虑，主要来自业内的现状——分段式的工作方式，使得场地的工作不能得到应有的重视，缺乏整体性的统筹计划与考虑；学生只注重形式语言的丰富，而忽略了场地整合性这一本质问题。具体表现在：

其一，不重视土地资源的合理使用。在经济快速发展、建设规模不断扩大的宏观趋势下，从城市到村镇，建设时常出现盲目过热趋势。这种情况一方面表现为浪费土地，建设没有针对基地的具体特点，忽视对基地潜能的开发，用地效益低。另一方面表现为用地强度过大，大量被开发的土地使用强度超出了合理的范围，容积率和覆盖率过高，给基地带来过大的压力，从而造成了使用中的各种问题。

其二，不重视场地中各要素之间的协调与统一。在场地中，建筑物受到了过多的重视，而环境处理得过于简单，环境质量并不高。

其三，不重视城市整体环境的协调与统一，不从城市整体出发来考虑问题，往往仅考虑内部的便利与经济状况，造成建成后交通拥挤，干扰了城市的均衡运转，也破坏了城市的环境和景观。

如果认真对待场地设计问题，加强这一环节的工作，那么就能减少这些不良现象发生的几率。场地设计重视用地的合理性和有效性，提高土地使用的效益，减少因使用上不合理而造成的浪费；重视各项内容配置的合理性，重视场地各构成要素的相互协调关系。因而认真研究场地设计方法，有助于避免设计中各要素组织关系的失衡，有助于各项内容的合理搭配，从而保障场地最终能良好地使用，发挥景观效果。场地设计重视场地布局的整体性，重视与城市环境的关联，重视相邻场地之间的协调。因而认真研究场地问题，有助于建筑设计与城市规划、城市设计的相互结合，促进建筑走向城市，改善环境质量，缓解城市矛盾。这是本书想解决的主要问题。

其四，在长期的教学中，深刻地感到美术院校学生理性思维与宏观思维的匮乏，特别是自己也出身于美术院校，深深理解我们以艺术为本位的思想在设计中的顽固根性：不是艺术不好，而是完全出于形式化的所谓的艺术把场地更为本质的部分掩盖了。美术院校的学生有无可比拟的创造优势和表现技巧，但对场地的认识没有概念。这是他们的软肋，前者的优势成为学生的骄傲，更阻碍着后者的发育。所以，希望这本书能帮助学生更准确地认识、理解场地，更希望它是一本能直接用于设计实践、设计进程的指导手册。另外，在工科院校中，对场地的整合性意识的缺乏也是很普遍的现象。

尽管场地设计是一个新的概念，但其相关的内容并非都是全新的，只不过由于我们重新审视这些内容的角度发生了变化，这个新的概念才具有了新的内涵和意义。在任何建筑设计之中都包含如何处理基地和如何组织场地中各项内容的问题，这实际上就是场地设计的核心工作。

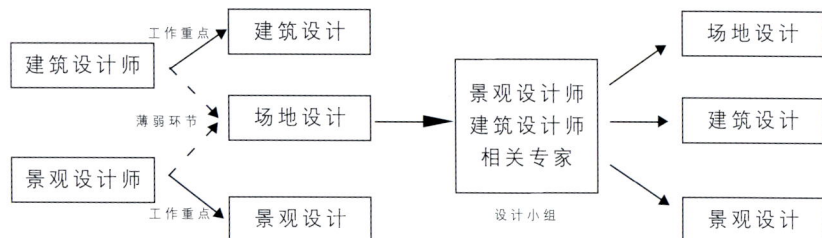

分段式的设计模式　　　　　　　整体性的设计模式

场地设计的工作模式分析

本教材的设计是这样的，把有关场地竖向分析的建筑学知识和有关场所趋向的城市设计知识两个方面的内容糅合在一起。这样做的意图很明显，就是要发挥艺术类学生对场所认识的敏锐感，并弥补对场地分析和表达的生疏感。为达成这样的目标，本书强调针对基础概念知识的阐述与横向的比较，尽量提供实际运用中的可用参数，使学生有据可查，也使老师能快速地搜罗和陈述。另外，根据环境艺术的整合性特征，本书将视野更多地投向了文化意象层面，相信这样做更能为学生找到设计的理念与理由。在每一段落，本书都提供了中外典型的案例进行翔实的说明、启发。并且，本教材的基调是随着对场地的步步深入来推进课程的进展，也就是说，教材的书写顺序就是设计的思维顺序，也是课程的进展顺序，并在工作计划的操作进程上也提供较为完整的优秀作业和评讲，使场地设计这门课更具可操作性。

本书不仅是一本定位明确、理论充分、讲解详尽的专业教材，而且是一本具有实战特点的应用手册。第一，它是一本实用的设计工具书，较少对高深理论进行阐述，尽量体现场地设计这门基础课程的现场性。第二，对于场地设计这门基础课程的核心和关键内容，它采取一种循序渐进的方式进行，这样的方式有着反复回顾前面重要内容的特点，甚至略显拖沓。但正是这样能在无形中起到强化、深化主要思想的作用：基于对场地的准确认识和理解，设计者本人能深刻认识到设计成果的唯一性，摆脱盲目性。第三，本书的插图或案例，都力求表述出与之对应的内容，帮助文字内容信息化，具有很强的说明性、针对性。第四，本书将理论与设计实际操作过程结合起来，使之运用起来是一个整体，能看到操作背后的原理，又能按照原理实施方法。

面对众多的问题，愿本书能给予答案，哪怕是参考答案。

目录

目录

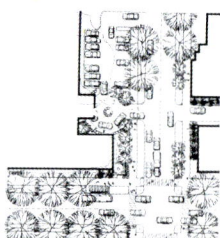

第一章 认识场地
——了解分析阶段

教学引导

教学重点

　　第一单元将清楚地讲明场地的概念，并对它的应用范畴、学科背景展开介绍，反复强化对场地的认识，清楚设计师的任务——应拿什么态度、观念来看待一块场地。并且，通过现场的观察和论证，明白怎样开始，从何入手，在设计之前要准备什么。

　　这部分的教学目的是引导学生体会场地设计的现场性。

教学安排

　　总16学时——理论讲解8学时、现场考察6学时、分析讨论2学时。

作业任务

　　1. 考察报告：进入城市各类型的场地中体验、感受，认识它们之间在功能、尺度、形态、使用上的差异，用调查报告或者归类清单的方式形成文字资料。

　　2. 场地踏勘：老师指定一块场地作为考察训练的对象（尺度不宜过大，最好控制在1万平方米以内）。学生以个人为单位对场地进行踏勘，形成感性的体验，并能在底图上反映出场地现状的各种信息。

引言

　　在实践当中，今天的社会建造活动愈来愈系统化、组织化、专业化，建筑设计活动也不断在向大规模化发展，建筑设计与城市问题、环境问题的结合日益紧密。设计活动中需要认真解决的制约因素越来越多、越来越具体，因而也变得越来越重要。建筑正走向城市、走向环境，在与城市规划、园林绿化相融合的同时创造着崭新的城市景观。（图1-1）

　　那么，场地设计愈加体现出工程性、技术性和功能流程组织的一面。更重要的是，对场地中各要素关系的组织，这种关系既包括功能关系，也包括空间、视觉、景观等方面的关系，具有更多更丰富的内容。（图1-2）

　　在设计初期，怎样认识建筑活动所处的基地显得非常重要，因为环境景观设计本身排斥任何任意性与随意性。场地设计是从广义建筑学中独立出来的先行学科，是其他景观设计类型的基础，其本身是非常严肃和严谨的，尽管同时具备创造性的艺术成分。

图1-1　荷兰阿姆斯特丹的商业场地设计，反映出场地内部各要素之间的有机联系以及与整个区域之间良好的沟通关系。

图1-2　场地中各要素的统一

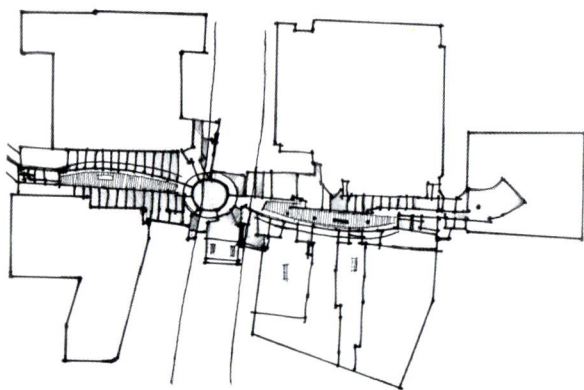

图1-3　以建筑的围合空间作为对象研究场地的相互关系

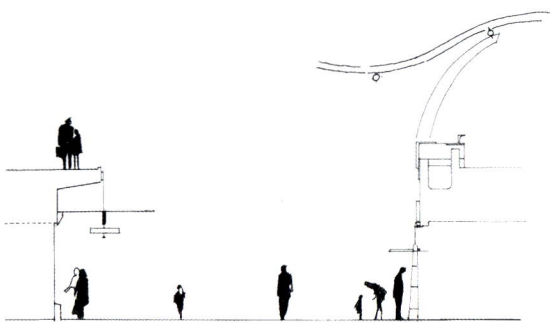

图1-4　考虑场地的竖向关系

第一节　场地设计的概念

一、基本概念

从所指的对象来看，"场地"一词有狭义和广义两种不同的含义。在狭义上，场地指的是建筑物之外的广场、停车场、室外活动场、室外展览场之类的内容。这时"场地"是相对于"建筑物"而存在的，所以当指称这一意义时，经常被明确为"室外场地"以示其对象是建筑物之外的部分。在广义上，场地可指基地中包含的全部内容所组成的整体。在这一意义上，建筑物、广场、停车场等都是场地的构成要素。建筑物与室外环境等内容实际上是无法完全割裂开的，它们是相互依存的，所以用"场地"这一概念来描述它们所组成的整体更利于学习和研究场地的本质。(图1-3)

从工作内容上看，场地设计可以看做是包括用地选择，项目内容的详细配置，建筑物、交通、绿化、工程设施等的总体布局以及交通、绿化和工程设施的详细设计等方面的设计活动，其中以后两个部分为重点。场地设计即是整个建筑设计中除建筑物单体的详细设计外所有的设计活动，一般包括建筑物布局、场地竖向关系、工程设施等的总体安排以及交通设施（道路、广场、停车场等）、绿化景园设施（绿化、景园小品等）。场地设计所要解决的问题的范畴被界定在单体或小规模群体建筑项目内。(图1-4)

综上所述，场地设计是在所关注的全部范围内为达到某个计划目标对一块场地进行的开发或重新开发。它将处理：

* 构筑物、植物、人工设施等要素与场地的关系；
* 场地空间的分配；
* 场所感的营造；
* 场地与周边环境的限制和影响。(表1-1)

在设计实践中，许多设计师对设计的手法、观念、设计细节如数家珍，但往往忽略一个重要的方面——场地本身的价值和需要。这也是为什么绝大多数设计师认同场地规划是一门单独的学科的原因。它是景观设计学科的基础，体现的是设计的整体观。

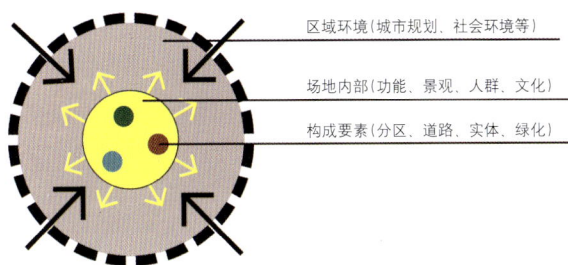

区域环境（城市规划、社会环境等）

场地内部（功能、景观、人群、文化）

构成要素（分区、道路、实体、绿化）

表1-1　场地的层次构成

某位设计师这样感慨着："对于每一块场地，都有一种理想的用途；对每一种用途，都有一块理想的场地。"场地就是一块需进行分析、研究，并将使用者的理想付诸实现的地块，在其中，设计师要针对它的特征、优势、劣势解决功能、形式、社会甚至经济等综合问题。

场地的景观设计师是和土地打交道的人，是直接参与到一块土地之中和之上的人，因此，设计师对场地有最感性的体验和最理性的思考。在发生任何人为改变前，应对其进行切实的理解。一个设计师这样谈到他对场地的情感："……我开始了解到场地的很多情况，我到场地去并且呆下来，直到逐渐认识它……我开始理解这块土地，它的情绪、它的缺陷、它的潜力。直到现在，我才能拿出墨水和毛笔开始画我的规划图。不过，在我的脑中，建筑物已经可以看到了。它的外形和特征来自于这片场地，来自于穿过的道路，来自于只石片砾，来自于阵阵清风，如拱形的太阳轨迹，瀑布的水声，还有远方的景色……在这里他们与周围景观形成了最和谐的关系……他们通过石、木、瓦以及宣纸表达了喜悦而充实的生活。除此之外还能怎样来为这块场地设计最佳的住宅呢？"

这就是读懂了场地的设计师的真实告白，只有明白了场地的概念、蕴涵的价值，才能产生出真正切合现场的设计，从而建立内在的系统来接近它、实现它。（图1-5）

二、　相关属性

场地之所以在景观设计和规划中成为核心的词汇或关心的点，是因为它不可避免地要与以下要素发生关系：

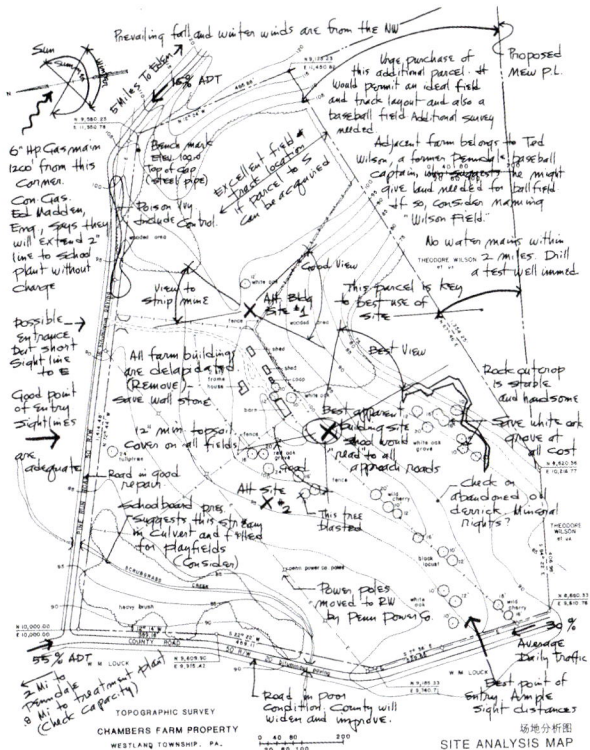

图1-5　设计师进入场地时的感性笔录。表达了设计师对场地的敏锐观察和内心的认识过程，设计师正是以此为起点勾画着未来的图景。

生态：场所本身具备的原始条件或前身条件。它让设计师看到场所的生态构成、环境的价值，揣摩到最有价值的、最需保留的部分。设计师掂量着每一寸土地，每一缕清风、水流的方向，甚至看到了地下发生的情况。（图1-6）

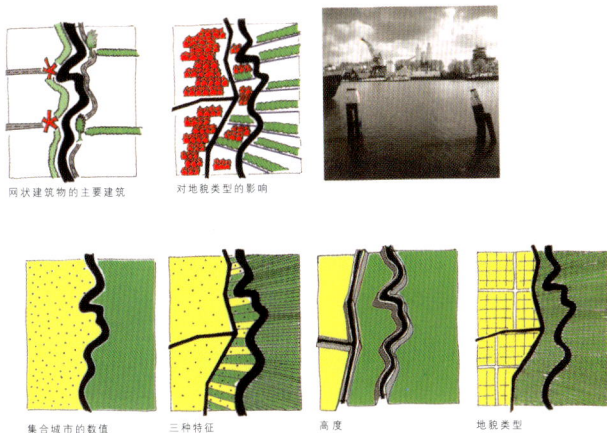

网状建筑物的主要建筑　　对地貌类型的影响

集合城市的数值　　三种特征　　高度　　地貌类型

图1-6　生态的属性和原则在案例中的运用

经济：改善场所的目标包含了对经济实体形象的改善，能在付出后得到未来地块的增值效应。因而必须看到不可再生资源——土地的未来图景。（图1-7）

精神：景观的场地规划指向场所精神，捕捉社区的、文化的、文脉的、传统的精神价值，作为细节和风格定位的前导。（图1-8）

人群：场地如果离开了"人"就无任何意义，只有人参与并进入场地，才能使之演变为场所，并产生魅力。

团体：与场地相关的团体绝不只是设计师单方面的工作，而是来自于与这块场所相关的社会各利益团体，如投资方、政府、社团、社区委员会等。因此我们一定

图1-7 经济常是场地规划的决定性因素：香港瑞安集团投资14亿开发的上海新天地地产项目。

图1-8 场地规划中以场所精神为主导的设计案例：SWA设计的日本小区场地环境，右为设计灵感的呈现，主要指精神方面。

图1-9 北京"长城脚下的公社"场地设计，前期开发中团体的策划与互动是非常频繁的。

要认识到场地设计的条件是非常硬性的，很多情况下并不以设计师的主观意志为转移，设计师的义务是帮助各团体更准确地认识场地并在决策上给设计师更多的可操作性。（图1-9）

三、学科背景

场地设计的学科基础是建筑学场地规划，且比建筑学场地规划更关注场地内各要素的相互关系及其整合。可以说，景观场地设计是与建筑场地规划并行的合作系统，也可以视作其下的子系统。我们通常所接触的景观场地设计是除建筑以外的空地的内容。实际上我们应该从更宽泛、系统的角度来看待场地问题。（图1-10）

图1-10b 加拿大温哥华的"绿色环链"道路景观设计总平面图

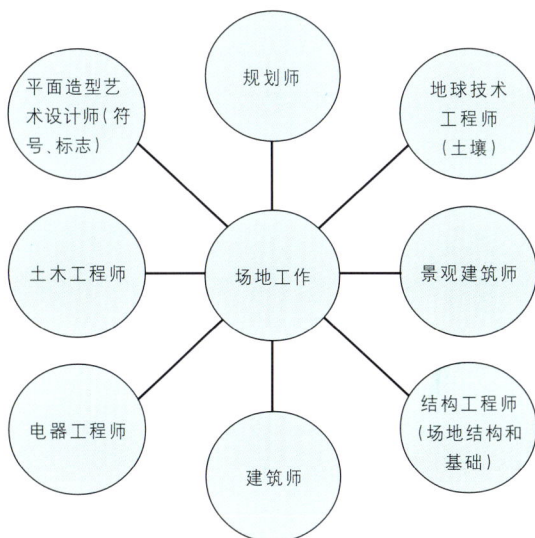

表1-2 场地设计是许多专业设计人员的共同合作

1．场地开发

（1）场地面貌；

（2）空间功能；

（3）场地交通组织；

（4）场地景观种植；

（5）建筑物设置；

（6）与周边环境（边界、街道、照明）的关系；

（7）照明、声音、空气质量与防火；

（8）场地内的安全防范。

2．分工合作

勘察与调查：地表条件、地表特征、地下材料，如地质、阻碍因素，以及对其专门性的研究，如地震、洪水、坡道等。

场地工程：场地表面地形等高线设计、场地排水以及任何场地所需的稳固设计，包括挡土墙、公共服务设施的总体规划、周边街道现状和边缘的开发。

图1-10a 加拿大温哥华的"绿色环链"道路景观设计效果图

景观设计：场地的总体使用和开发，包括植物、可视场地的各种建筑、景观元素的使用。

基础设计：建筑物地表以下的总体设计。

场地建造：场地挖掘、永久性驳岸、排水以及其他场地建造工作。（表1-2）

从景观场地设计学来讲，它们之间的关系可以这样理解：各专业的侧重点与观察事物的角度是不同的，景观设计师起着整体协调和统筹的作用。每个专业围绕场地所需用的数据或资料共同参与到决策中。（图1-11）

3. 学科特征

景观场地规划涉及景观设计学、建筑学、城市设计、城市规划等许多相关学科。可以说，它是一个解决问题的工作方法，是环境艺术设计、景观设计工作者的基本本领。对场地的规划建立的分析能力、控制能力是设计师的基本功，也是让业主对设计师产生信心的基础。它是对场地全面的认识以及在此基础上建立起来的规划能力——场地各要素的综合训练，对土地、人类关系以及对设计的感情。

场地设计被单列出来，说明其工作的基本特点兼具技术与艺术的双重性。首先来说明它的技术性，在场地设计中，用地的分析和选择、基地的基本利用模式的确定、场地各要素与基地的结合，包括位置的确定和形态的处理等工作，都与基地的条件有直接关系。这需要根据基地的具体地形、地貌、气候等方面的条件来展开设计工作。在设计中技术经济的分析占很大的比重。比如建筑物位置的选择，就要依据基地中的具体地质情况，包括土壤的承载力、地下水位的状况来决定，工程技术

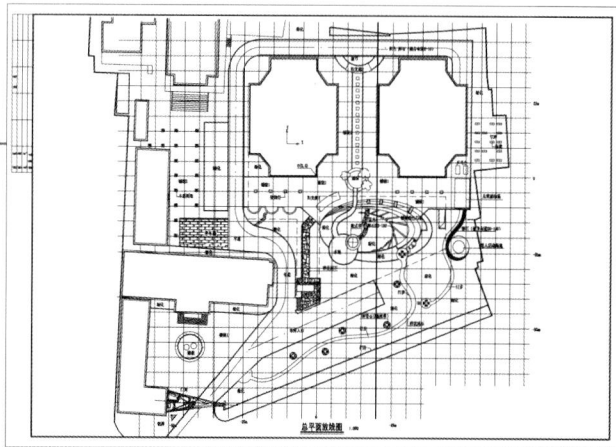

图1-11b

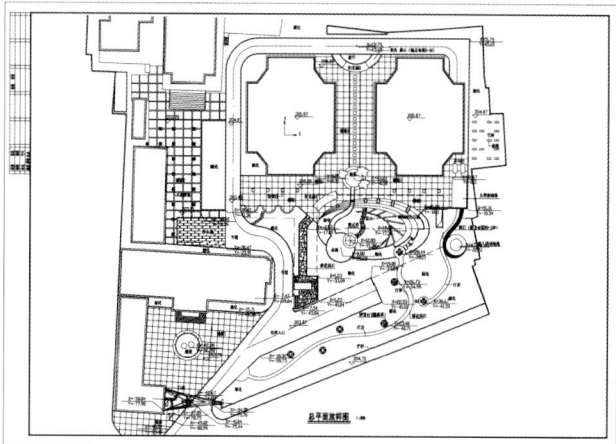

图1-11c

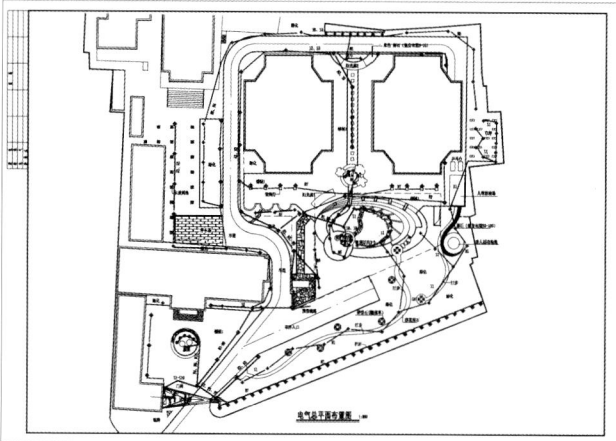

图1-11d

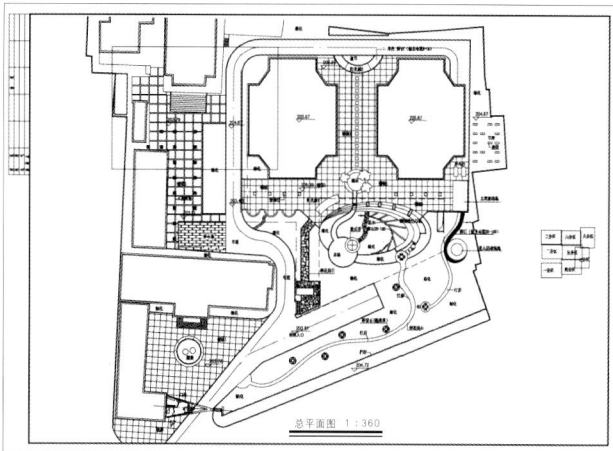

图1-11a

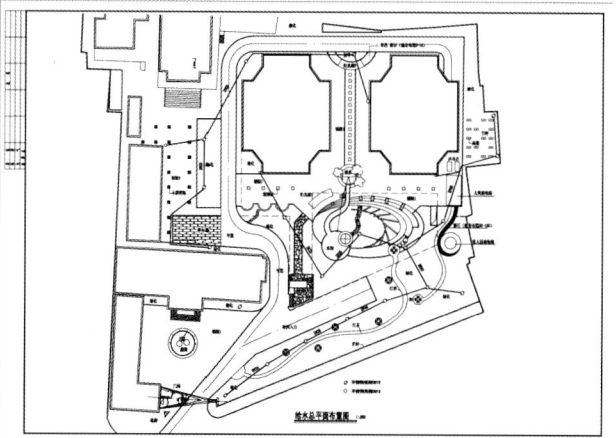

图1-11e

的因素起着决定性的作用。而场地的工程设计，包括场地的基本整平方式、竖向设计等，也要依据基地的具体地形地貌条件来决定，既有技术性的要求又有经济性的要求。道路、停车场、工程管线等的详细设计同样重要。比如道路的宽度、转弯半径、纵横断面的形式、路面坡度的设定等都有着特定的形式和技术指标要求；工程管线的布置更需要严格按照其技术要求来进行。工程技术和经济效益两个方面的合理性考虑使场地设计显现出技术性很强的一面。在设计中需要更多的科学分析，更多的理性和逻辑思维。(图1-12、图1-13)

与此同时，场地设计也要进行另一类的工作。在场地设计中从布局的形态到道路、广场的细部形式，绿化树种的搭配，地面铺装的形式和材质，景园小品的形式和风格等，特别是场地的细部，都与使用者在场地中的感官体验直接相关，应考虑到使用者在经过、观赏甚至触摸、聆听时的切身感受。这些内容的处理没有硬性的规定，也没有复杂的技术要求，更没有一个一成不变的模式去套用，设计中需要的是更多的艺术素养和丰富的想象力。这使场地设计显现出艺术性的一面。

建筑活动中需要解决的问题多种多样，既有宏观层次上的也有微观层次上的，它们在场地设计中同样有突出的体现。从建筑活动的整个程序上来看，场地设计的内容处于设计的初期和末期的两个端部。初期的用地划分和各组成要素的布局安排是总体上的工作，具有宏观性的特征。末期的设施细部处理、材料和构

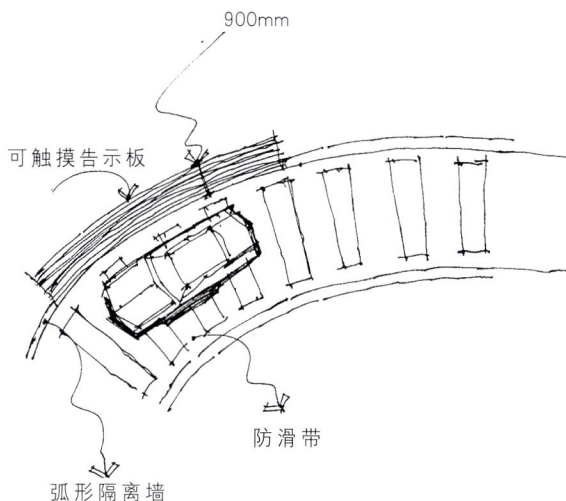

图1-12 场地设计中对汽车转弯和防噪的考虑

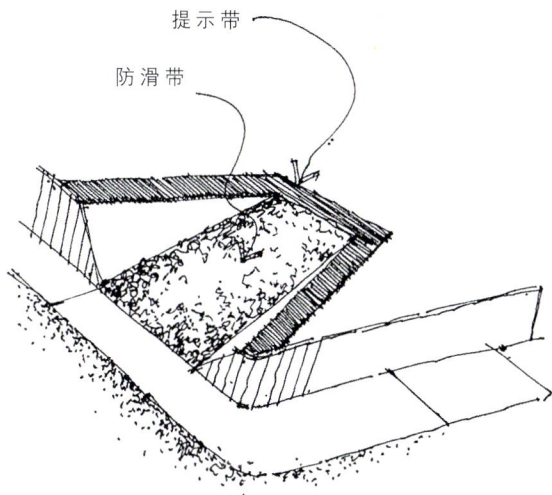

图1-13 场地设计中对无障碍的考虑

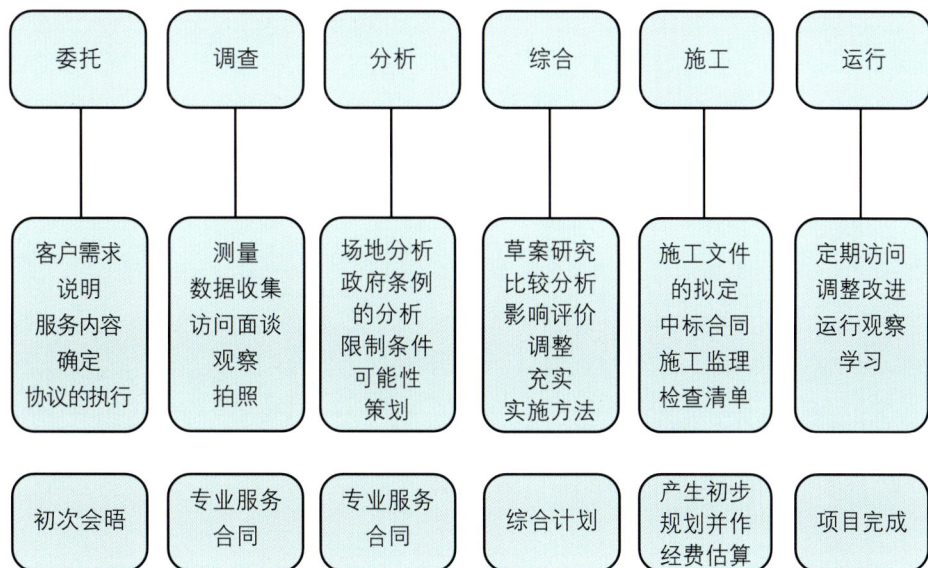

委托	调查	分析	综合	施工	运行
客户需求说明 服务内容确定 协议的执行	测量 数据收集 访问面谈 观察 拍照	场地分析 政府条例的分析 限制条件 可能性 策划	草案研究 比较分析 影响评价 调整 充实 实施方法	施工文件的拟定 中标合同 施工监理 检查清单	定期访问 调整改进 运行观察 学习
初次会晤	专业服务合同	专业服务合同	综合计划	产生初步规划并作经费估算	项目完成

表1-3 规划-设计过程

造形式的选择是细节上的工作，是微观性的。因此，场地设计既需要宏观上的理性控制和平衡，又需要微观上的敏感和耐心。(图1-14、表1-3)

四、制约因素

前面我们已经强调，场地设计是景观设计和规划专业的先行课程，这是因为在场地设计中要加强对设计约束力和控制力的认识。对场地设计制约因素的认识是进行正确设计的思想基础。在充分认识各项制约因素的前提下，才能谈到怎样主动地顺应和利用条件，发挥出场地最优化的可能性。

1．城市规划的要求

（1）对用地性质的控制

城市控制性详细规划中，对规划区域中各用地的用地性质有明确限定。它限定了该地块只能做一定性质的使用，而不能随意开发建设，比如在居住用地中不能建设工业项目等。(图1-15)

（2）对用地范围的控制

对用地范围的控制多是由建筑红线与道路红线共同来完成的，场地设计的具体内容不能超过此范围。(图1-16)

（3）对用地强度的控制

规划中对基地使用强度的控制是通过容积率、建筑覆盖率、绿化覆盖率等指标来实现的。这是由投资方、管理者根据资料情况、用地情况具体制定的。场地设计要依据这些数据来指导整个设计。(图1-17)

（4）对建筑范围的控制

基地中可建造建筑物的范围是由建筑范围控制线来限定的。建筑范围控制线所标定的是基地中允许建造建筑物的区域。在城市规划中一般都会要求建筑范围控制线从红线后退一定的距离，就是所谓的建筑后退红线的距离。

图1-14 场地中的感性因素

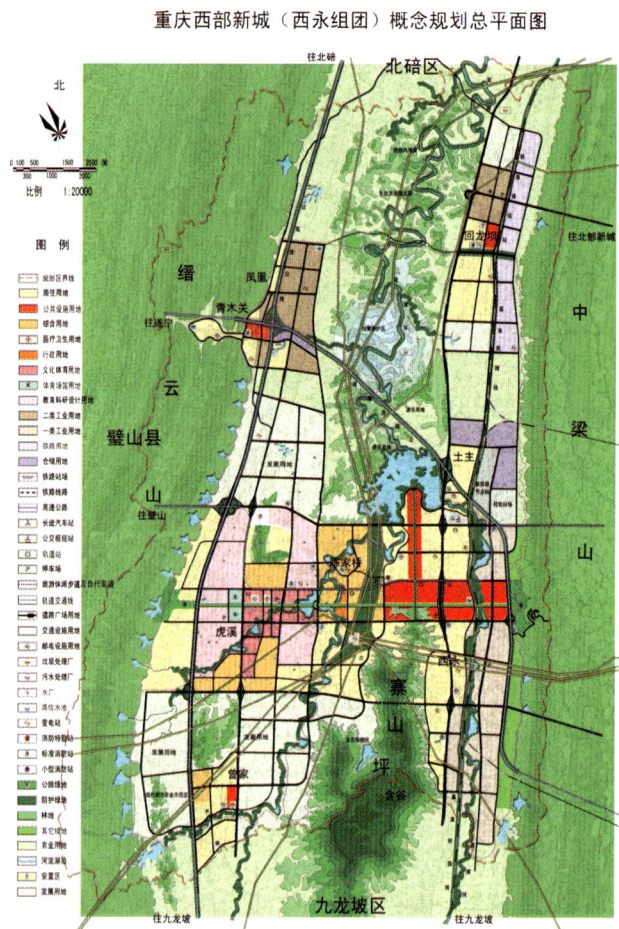

图1-15 城市规划对场地规划的指导作用

图1-16 基地形状影响着建筑物的形状

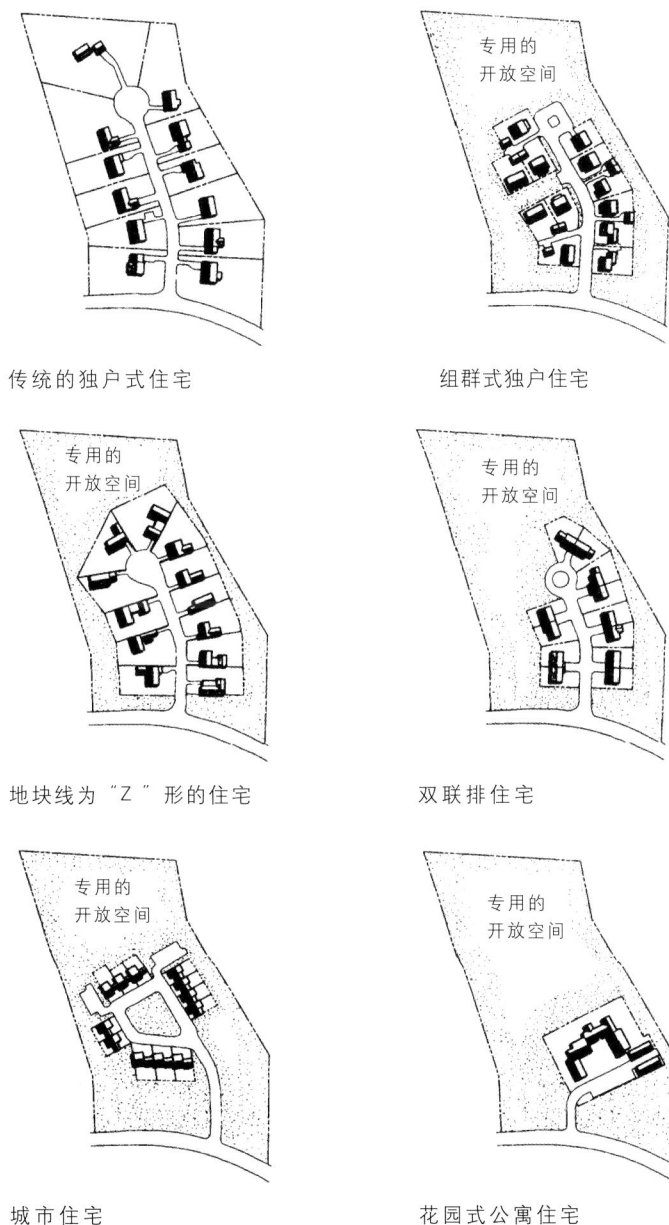

传统的独户式住宅

组群式独户住宅

地块线为"Z"形的住宅

双联排住宅

城市住宅

花园式公寓住宅

图1-17 用地强度对场地设计的制约

除此以外，规划中对建筑高度、交通出入口的方位、建筑主要朝向、主入口方位等方面的要求，在场地设计中应同时予以满足。

2．相关规范的要求

城市规划比较偏重于对基地利用方式和场地总体形态的控制，设计规范则比较偏重于对一些具体功能和技术问题的要求。

（1）对建筑布置的规定

《民用建筑设计通则》中规定，建筑布局和间距应综合考虑防火、日照、防噪、卫生等方面的问题（表1-4、表1-5），并应符合下列要求：

建筑物间的距离，应满足防火要求；

有日照要求的建筑，应符合当地规划部门制定的日照间距；

建筑布局应有利于在夏季获得良好的自然通风，并防止冬季寒冷地区和多沙暴地区风害的侵袭，高层建筑的布局应避免形成高压风带和风口；

根据噪声源的位置、方向和程度，应在建筑物功能分区、道路布置、建筑朝向、距离及地形、绿化和建筑物的屏障作用等方面，采取综合措施，以防止和减少环境噪声；

建筑物与相邻基地边界线之间应按建筑防火和消防等要求留出空地或道路，当建筑前后各自已留有空地或道路，并符合建筑防火规定时，则相邻基地边界线两边的建筑可毗连建造；

建筑物高度不应影响邻地建筑物的最低日照要求。

表1-4 民用建筑的防火间距（单位：m）

耐火等级	防火间距		
	一、二级	三级	四级
一、二级	6	7	9
三级	7	8	10
四级	9	10	12

注：两座建筑相邻较高的一面的外墙为防火墙时，其防火间距不限；

相邻的两座建筑物，较低一座的耐火等级不低于二级、屋顶不设天窗、屋顶承重构件的耐火极限不低于1h且相邻的较低一面外墙为防火墙时，其防火间距可适当减少，但不应小于3.5m；

相邻的两座建筑物，较低一座的耐火等级不低于二级，当相邻较高一面外墙的开口部位设有防火门窗或防火卷帘和水幕时，其防火间距可适当减少，但不应小于3.5m。

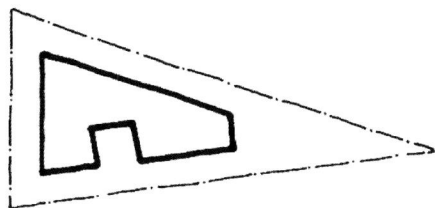

表1-5 高层建筑之间及高层建筑与其他民用建筑之间的防火间距（m）

建筑类别	高层建筑	裙房	其他民用建筑		
			耐火等级		
			一、二级	三级	四级
高层建筑	13	9	9	11	14
裙房	9	6	6	7	9

注：防火间距应按相邻建筑外墙的最近距离计算；当外墙有突出可燃构件时，应从其突出的部分外缘算起。

（2）对交通组织的规定

见《民用建筑设计通则》（JGJ 37-87）摘录（表1-6）

了解场地的制约因素是设计思维中基础和硬性的要求，作为设计师或者学生，对其要有全面的认识才能体会场地作为一个现实中的地块，与城市规划有着怎样的联系。

表1-6 《民用建筑设计通则》对交通组织的规定

对场地与外部道路的基本关系的规定	基地应与道路红线相接，否则应设通路与道路红线相接，其连接部分的最小长度和通路的最小宽度，应符合当地规划部门制定的条例。
对场地内道路的布置的规定	基地内应设通路与城市道路相连接。通路应能通达建筑物的各个安全出口及建筑物周围应留有的空地；通路的间距不应大于160m；长度超过35m的尽端式车行路应设回车场；基地的内车行量较大时，应另设人行道；基地内车行路边缘至相邻有出入口的建筑物的外墙间的距离不应小于3m。
对场地内的停车空间的规定	新建或扩建工程应按建筑面积和使用人数，并经城市规划主管部门确认，在建筑物内，或同一基地内，或统筹建设的停车场或停车库内设置停车空间。
对车流量较大的场地出入口位置的规定	距大中城市主干道交叉口的距离，自道路红线交点量起不应小于70m；距非道路交叉口的过街人行道（包括引道、引桥和地铁出入口）最边缘线不应小于5m；距公共交通站台边缘不应小于10m；距公园、学校、儿童及残疾人等建筑物的出入口不应小于20m；与立体交叉口的距离或其他特殊情况时，应按当地规划主管部门的规定处理。
对人员密集场地的交通组织的规定	在执行当地规划部门的条例和有关专项建筑设计规范时，应保持与下列原则一致：基地应至少一面直接临接城市道路，该城市道路应有足够的宽度，以保证人员疏散时不影响城市正常交通；基地沿城市道路的长度应按建筑规模或疏散人数确认，并至少不小于基地周长的1/6；基地应至少有两个不同方向的城市道路的（包括以道路连接的）出口；基地或建筑物的主要出入口，应避免直对城市主要干道的交叉口；建筑物主要出入口前应有供人员集散用的空地，其面积和长宽尺寸应根据使用性质和人数确认；绿化面积和停车场面积应符合当地规划部门的规定，绿化布置应不影响集散空地的使用，并不应设置围墙大门等障碍物。

第二节 从现场开始

面对一块基地，我们首先是从对现场的情况进行了解开始的。通过实地观察，我们能把握对场地的认识，把握场地与周围区域的关系，从而全面领会场地的状况。要想领悟一个场地上的项目，必须深入理解计划，深入体会场地及其整体环境的自然属性，以下都是我们对其自然属性方面的探讨。

基地及其周围的自然状况，包括地形、地貌、地质、水文、气候、小气候等条件，可以称为基地的自然条件，它们不是由人为因素形成的。从现场开始就是首先从认识基地的自然条件开始。

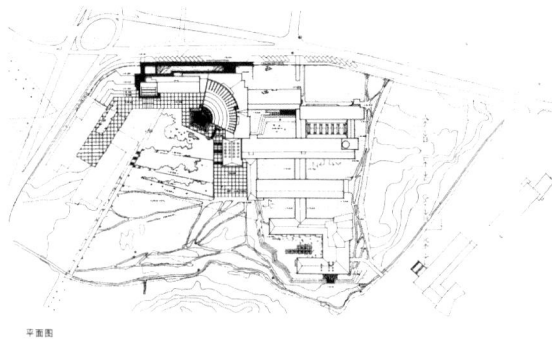

平面图

图1-18 利用地形的规划实例：芬兰赫尔辛基理工大学主楼环境 阿尔托设计

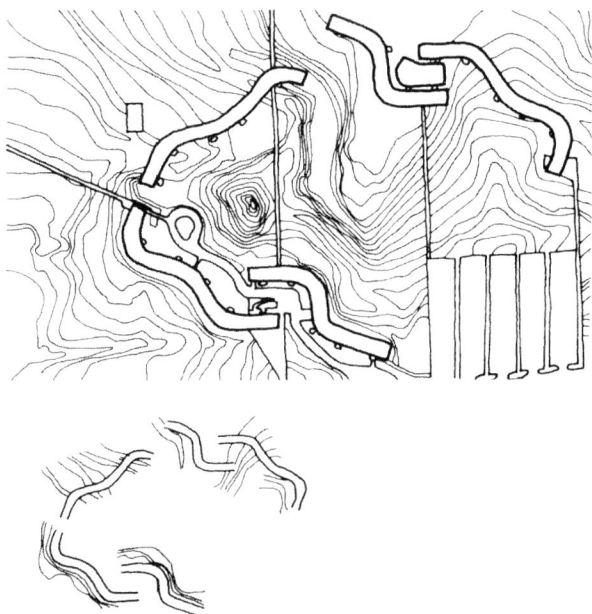

图1-19 康奈尔大学本科生宿舍 理查得·迈耶设计

一、地形

地形是基地的形态基础，基地总体的坡度情况，地势走向变化的情况，各处地势起伏的大小，这些是基地"有形"的、可见的主要因素，是基地形态的基本特征。地形直接影响和约束着设计，因此，在接触基地的最初阶段，地形是我们首先要整理的概念。在对地形认识的基础上全部或部分地围合空间，或者改变原有地貌的特征等对原有地形的改变与保留的决策，是设计师在场地设计中最基本的技能。（图1-18～图1-20）

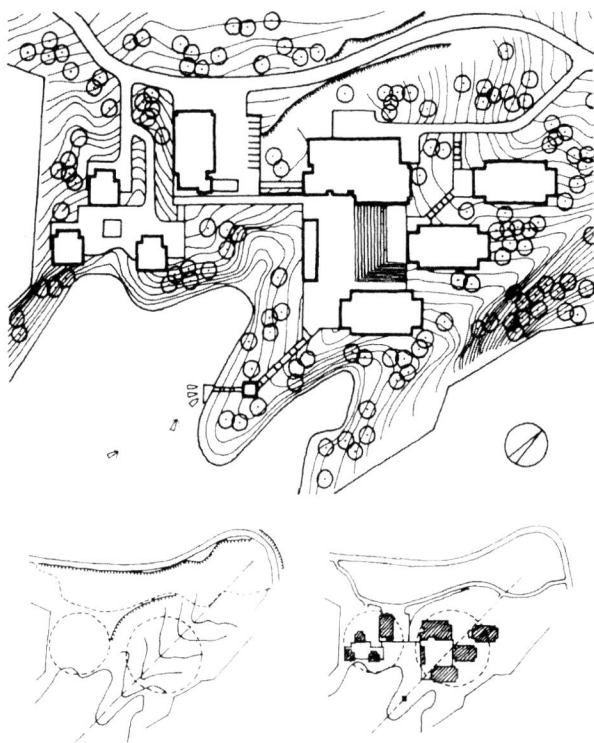

图1-20 吉林省农业干部培训中心 张伶伶等设计

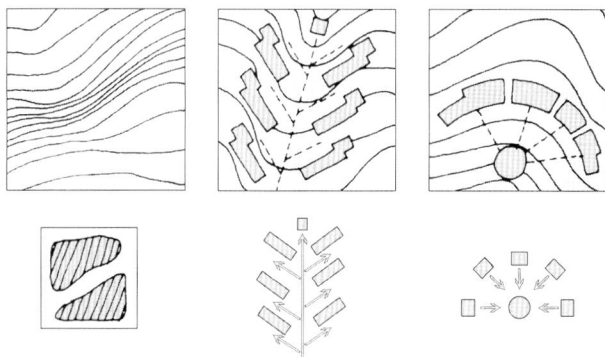

图1-21 地形对场地布局的制约分析

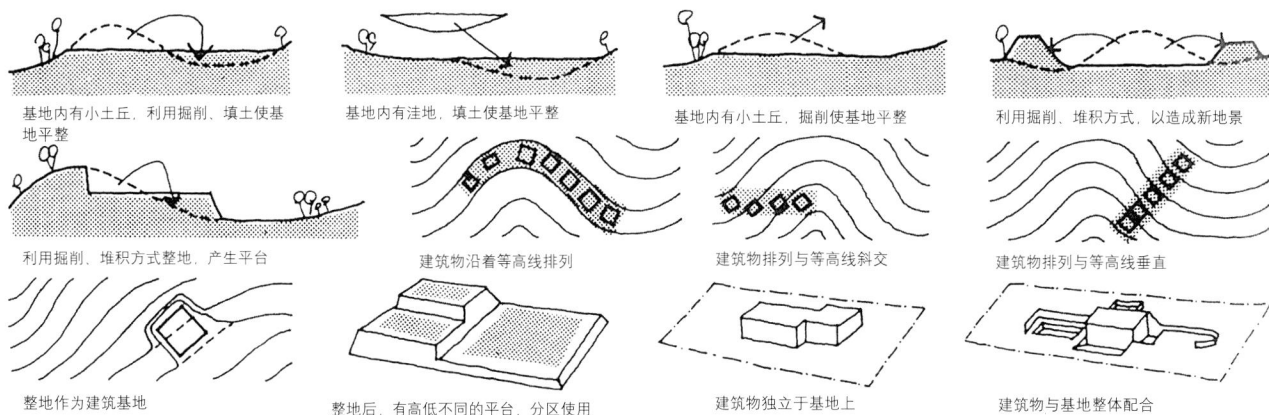

基地内有小土丘，利用掘削、填土使基地平整

基地内有洼地，填土使基地平整

基地内有小土丘，掘削使基地平整

利用掘削、堆积方式，以造成新地景

利用掘削、堆积方式整地，产生平台

建筑物沿着等高线排列

建筑物排列与等高线斜交

建筑物排列与等高线垂直

整地作为建筑基地

整地后，有高低不同的平台，分区使用

建筑物独立于基地上

建筑物与基地整体配合

图1-22　场地中地形与建筑之间的关系

图1-23a　方案初期布局时对地形的考虑

地形对场地设计制约作用的强弱与它自身的变化大小有关。随着地形变化幅度的增大，它的影响力会逐渐增强。当坡度较大，基地整个部分起伏变化较多，地势变化复杂时，地形对场地设计的制约就十分明显，这时，场地的分区、建筑物的定位、场地内交通组织方式、道路的选线、广场及停车场等室外构筑设施的定位和形式选择、工程管线的走向、场地内各处标高的确定、地面排水组织形式等等，都与地形的具体情况有直接的关系。尤其是项目的规模较大、场地组成元素较多时，地形对场地布局的影响会更加明

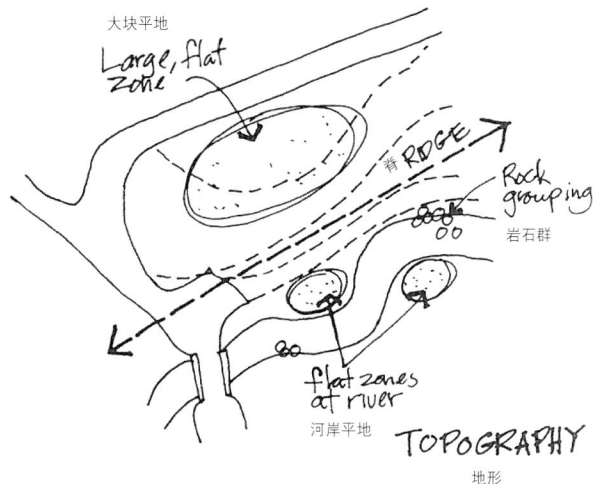

图1-23b　方案初期，对地形"因势利导"的设计思路。

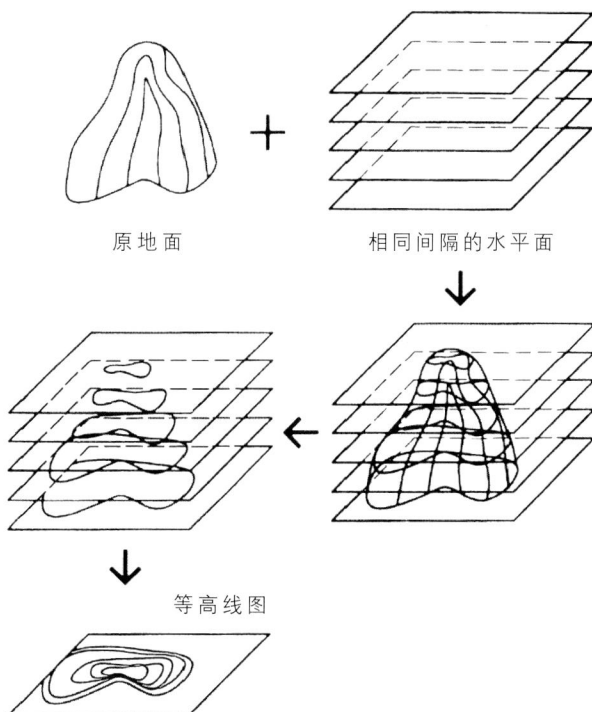

原地面　　　　　相同间隔的水平面

等高线图

图1-24　等高线的形成

显，场地的分区方式、布局结构关系的建立常受地形的影响。（图1-21、图1-22）

在设计初期，对地形的充分考虑会使设计赢得很好的起点。（图1-23）

1．等高线

等高线表示法是用标有高程标记的等高线和个别特殊符号相结合以反映地貌特征的一种方法。它具有明确的数量概念，使用价值高。工程方面关于路线坡降、填挖土方、水库库容的设计和计算等，很多都是根据等高线地形图制成剖断图，加以比较分析，得出行动或施工的科学依据。用等高线表示地貌，可以反映地面高程、地表面积、地面坡度和体积等，从而可

以充分满足地图上表示地貌的要求，所以它被国际上公认为是当今最好的地貌表示法。（图1-24）

等高线是以某个参照水平面为依据，用一系列假想的等距离的水平面切割地形后，所获得的交线的水平正投影图来表示地形的方法。等高线只有标注比例尺和等高距后才能解释地形。一般的地形图中只有两种等高线，一种是基本等高线，称为首曲线，常用细实线表示。另一种是每隔4根首曲线加粗一根并注上高程的等高线，称为计曲线。有时为了避免混淆，原地形等高线用虚线，设计等高线用实线。（图1-25）

了解等高线的同时，我们也要熟知其他关于地形的符号图示。（图1-26）

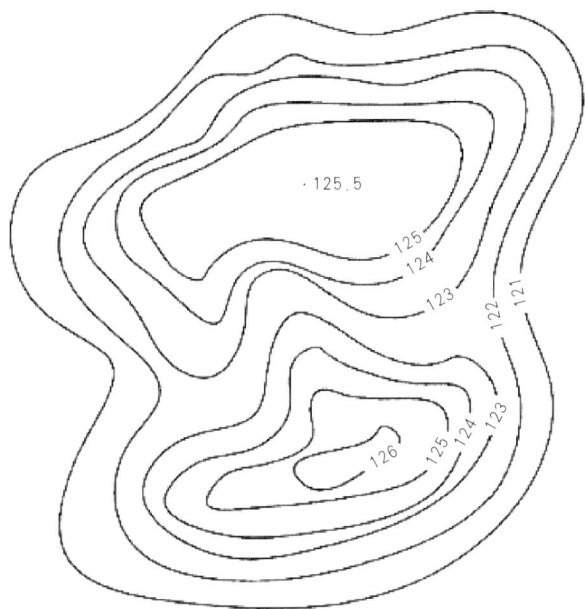

图1-25a　等高线的表示——高程标记字头朝向上坡方向

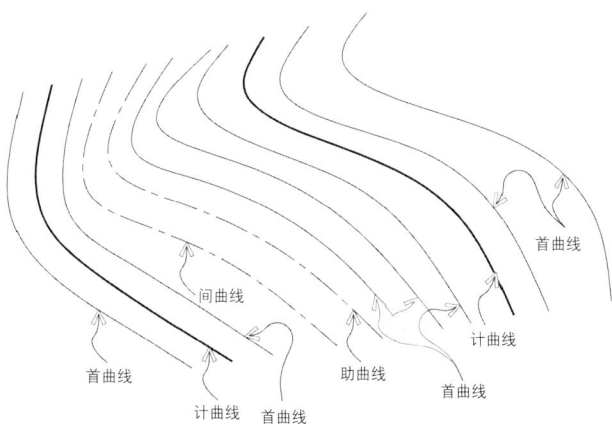

图1-25b　等高线的表示

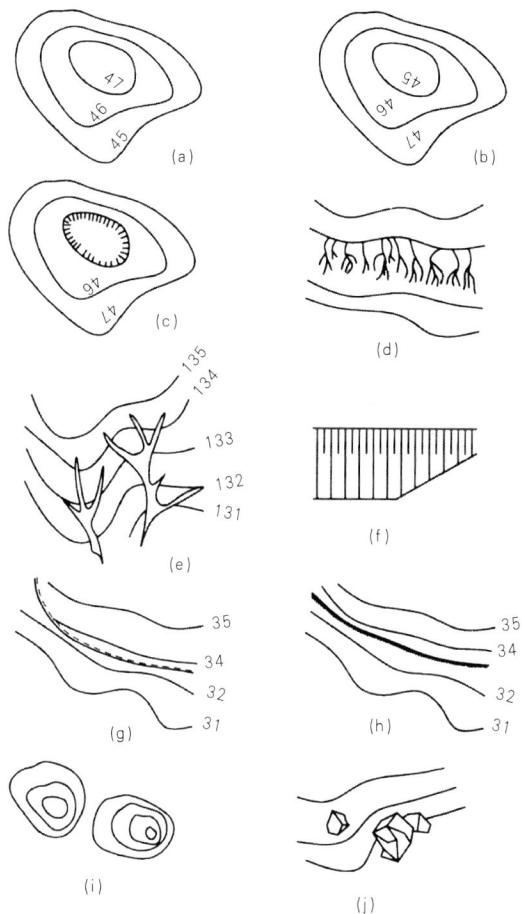

（a）山丘;（b）盆地;（c）凹地;（d）峭壁;
（e）冲沟;（f）护坡;（g）挡土墙;（h）土坎;
（i）鞍部;（j）露岩

图1-26　其他地形图例

13

2．地形坡度

坡度是和地球重力相关的一个概念，用以表达某处面体或线体相对于大地水平面的倾斜度，常用百分数表示，有时也用分数比值方式和小数点来表示。(图1-27、图1-28)

为了使场地的地形从图纸上还原成真实的三维状态，使其更加直观，很多时候采用断面绘制方法，从局部的剖断面上来观察和体会坡度的变化。(图1-29、图1-30)

另外，还需要对基地总体的坡度分布情况做出分析，表达方法上主要有两种：一是在相邻等高线之间用疏密程度不同的线条表示不同坡度范围的方法。二是在相邻等高线之间用不同的色彩或用不同明度的同一种色彩表示不同坡度范围的方法。(图1-31)

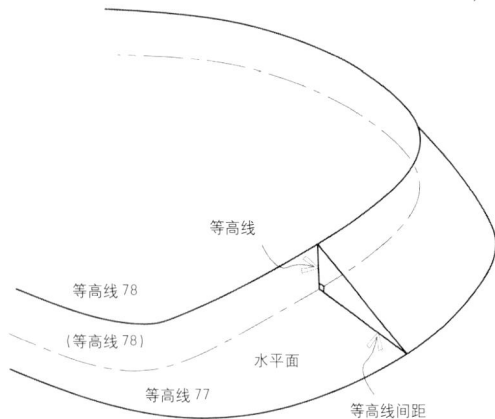

（a）首曲线和计曲线

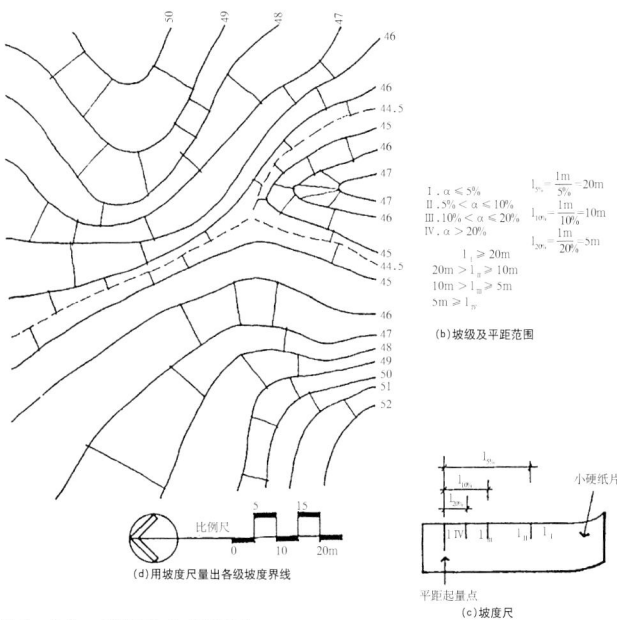

（b）坡级及平距范围

（d）用坡度尺量出各级坡度界线

（c）坡度尺

图1-28 地形的坡度表示

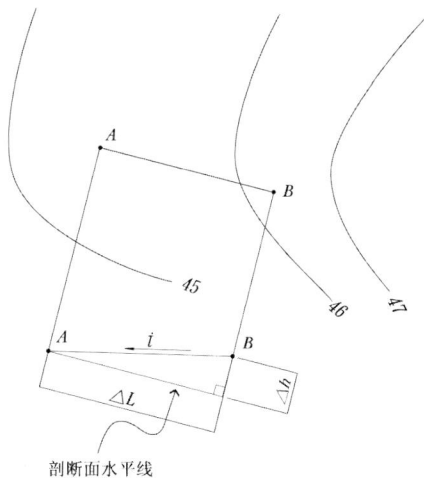

图1-27 地形坡度的概念

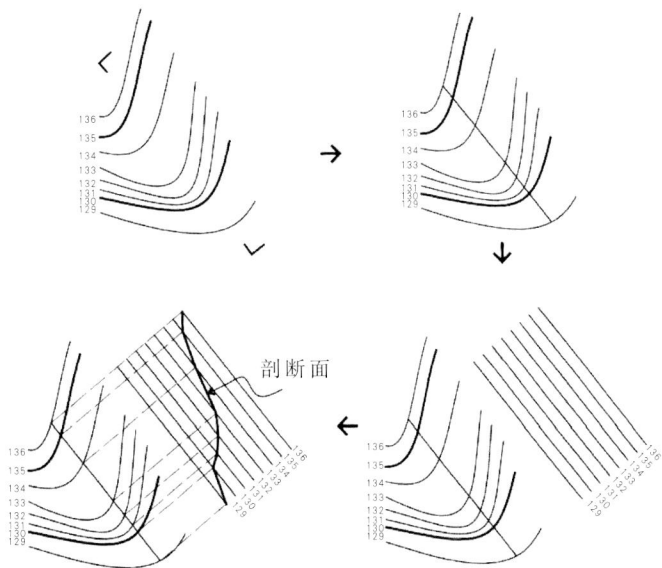

图1-29 断面图的表示

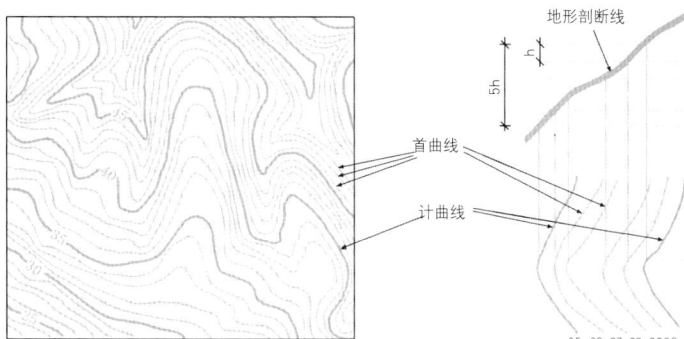

剖断面水平线

坡度公式：$i = \triangle h / \triangle L$

坡度系数 $= 1 / i = \triangle L / \triangle h$

i：A点和B点的坡度值。

$\triangle h$：A点和B点的垂直高差数值。

$\triangle L$：A点和B点的水平距离数值。

图1-30 坡度公式是我们量化地形坡度的方法

■调查内容

记录引人注目的自然特征，例如泉水、池塘、溪流、岩墙，以及消极的场地特征或危险区域（荒废的建筑、有毒的废弃物、塌方或下沉现象）；

通过坡度分析图掌握地形的陡缓程度和分布情况，帮助我们决策最适合场地坡度现状的功能区域的划分，进而分析植被、排水类型和土壤等内容。

地形坡度：对于一个场地设计来说，景观的许多要素对坡度有限制要求，比如道路纵坡、构筑物所在位置的坡度要求、排水要求等。所以，需要对现场进行地形坡度范围分析，即坡度分析。

二、气候

气候与小气候是基地条件的重要组成部分，不同气候类型的地区有不同的场地设计模式，并且也是形成场地特色的因素之一。对气候条件的认识一方面是了解基地所处的气象背景，包括寒冷和炎热的程度、

干湿状况、日照条件、当地的日照标准等；另一方面是了解一些比较具体的气象资料，包括常年主导风向、冬夏主导风向、风力情况、降水量大小、季节分布、夏冬季的雨雪情况等。由于基地及其周围环境存有的一些具体条件，比如地形，植被状况，周围环境，建筑物高度、密度、位置，街道走向等因素，会形成基地特定的风路。（图1-32）

场地布局尤其是建筑物布局应适应当地的气候特点，建筑物集中或分散的布局形式，体形和平面的基本形态要考虑寒冷或炎热地区的气候特点。（图1-33）

并且，场地布局应努力创造良好的小气候环境。建筑物布局应考虑到广场、活动场、庭院等室外活动区域的向阳或背阴的需要，考虑到夏季通风路线的形成。（图1-34）

1．风象、降雨

（1）风象

风的观测包括风向、风速两项。风向是指风的来向。

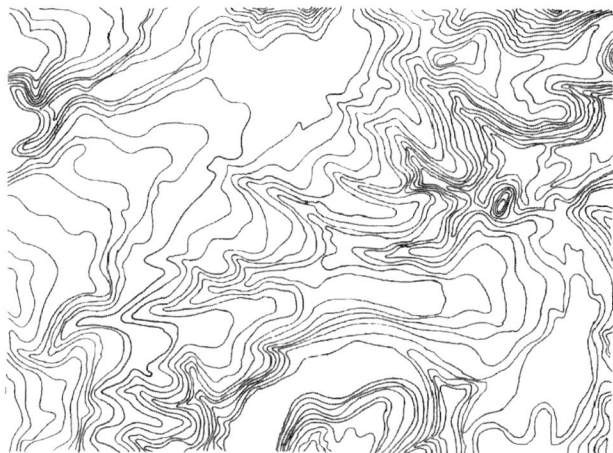

图1-31a　地形等高线图

图1-31b　地形分布图

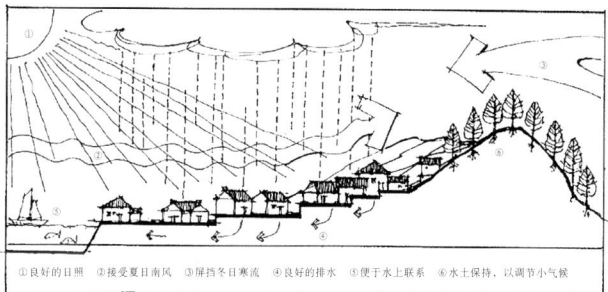

① 良好的日照　② 接受夏日南风　③ 屏挡冬日寒流　④ 良好的排水　⑤ 便于水上联系　⑥ 水土保持，以调节小气候

图1-32　理想的居住模式

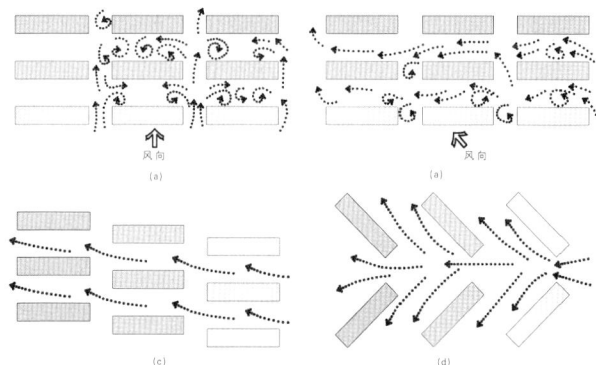

建筑布局与主导风向的关系产生不同的风流
（a）以阵列式住宅布局为例，当入射角为0°时，无法组织流畅的气流，气流衰减严重。
（b）以阵列式住宅布局为例，当入射角大于15°时，可以组织流畅的气流。
（c）行列式住宅布局，前后错开，便于气流插入间距内，使气流路线较实际间距长。
（d）住宅布局根据主导风向斜向布置，形成了风的进口小出口大的情形，可以加速流速。

图1-33　建筑物布局时对气流、风向的考虑

地面风向用 16 个方位表示，空中风向用 0°～360°表示。场地设计中所说的风向一般指地面风。空气由西向东运行，叫做西风；由北向南运行，叫北风。

风速是变化的，风速观测有瞬时风速和平均风速。平均风速是指 10min 内的平均风速。

另外，在实地考察中，我们应学会识别风玫瑰图。风玫瑰图可直观地得知当地的夏季、冬季和全年主导风向。玫瑰图上所表示的风的吹向，是自外吹向中心。风向频率玫瑰图中每个圆圈的间隔频率为 5%，频率最高的方位，表示该风向出现的次数最多。平均风速玫瑰图中，离中心越远的方位，表示该风向的风速最大。(图 1-35、图 1-36)

了解风象对场地设计的作用主要在于：

* 污染源应布置在主导风的下风向；

* 对场地的通风考虑，不但可以提高场地的通风质量，而且也是降温的主要途径，场地的设施尽量与主导风向产生不同的风流。(图 1-37a)

(2) 降雨

年度降雨数据需要按月细分，以确定为在生长期的景观植物所提供的降雨量。另外，这些数据也用于计算蓄水池的储水量或场地其他灌溉用水的水源涵养技术，通常可以从当地气象局得到月平均降雨数据。(图 1-37b)

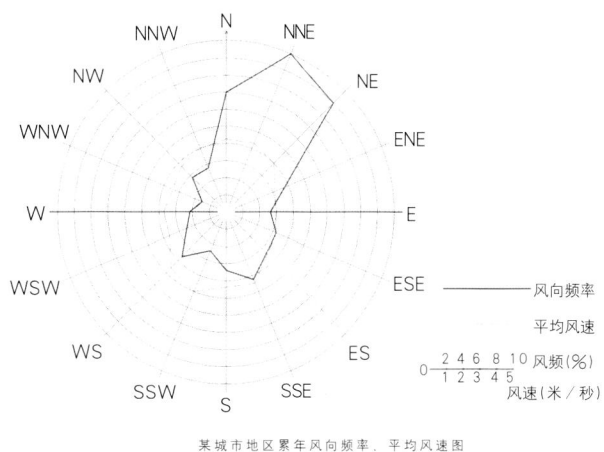

某城市地区累年风向频率，平均风速图

图 1-35 城市风玫瑰图

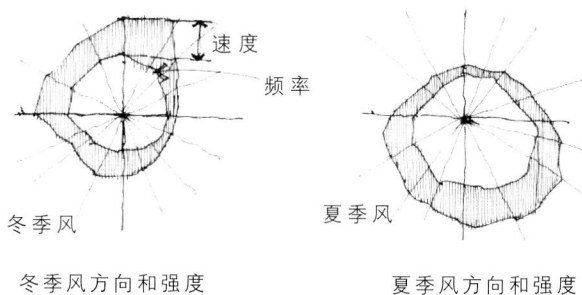

冬季风方向和强度　　夏季风方向和强度

图 1-36 设计前认真分析场地的风向

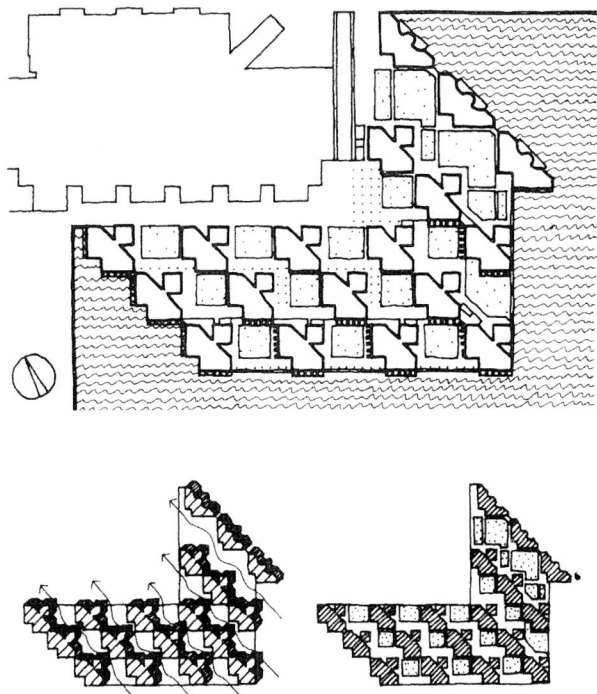

图 1-34 气候应用于场地布局实例：印度经济管理学院 路易·康

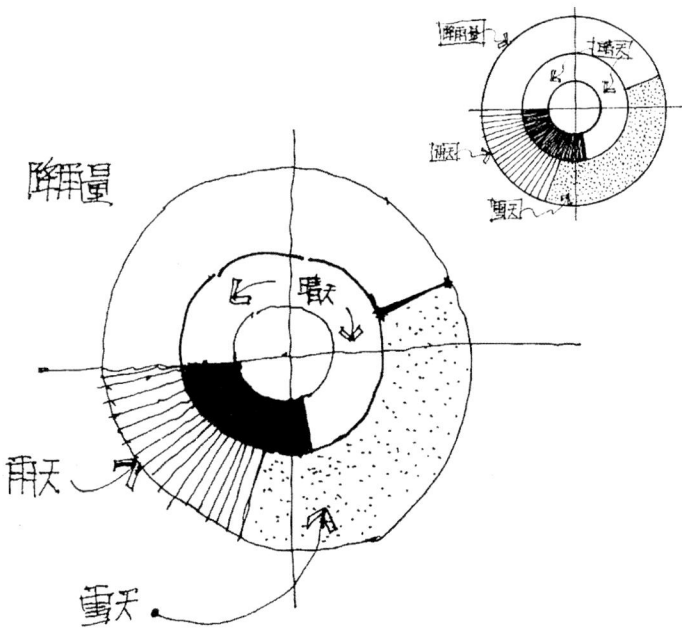

图 1-37b 对降雨量的分析

2．日照条件

日照条件是指基地受到太阳照射的时间和质量。日照时间是以场地在规定的某一日内能受到的日照时数为计算标准。日照质量则是指每小时场地地面阳光投射面积累计的大小及阳光中紫外线的作用大小。

为保证场地以及场地中的建筑物内部均能获得较好的日照时间和日照质量，要求场地中的建筑物的长轴外墙之间保持一定的距离，即为日照间距。

在以行列式排列的条式建筑群中，应保持合理的日照间距。这一间距可用图解法或计算法求得。我国部分地区多按照太阳高度角计算时间和采用日照间距。然而，单纯地按日照间距以南北向行列式排列住宅群，仅仅考虑了太阳的高度角，忽略了布局的多样化。我们还可以采取错开布局、点条结合布局、成角度布局，以及适当运用东西向布局。（图1-38）

在场地中有意识地留出不受遮挡的开阔场地，让人能够在户外活动时获得更多的日照。（图1-39）必要时要参考当地的太阳高度角来推敲建筑在不同季节中的投影。（图1-40）

3．生态小气候

小气候条件的调查和改善是场地设计中很重要的方面，建筑和规划的目的就是创造理想的人居环境，如果能通过改变局部气候达到更理想的效果，那么设计师对场地中各个要素需综合运用。（图1-41）

影响小气候最主要的因素是物体表面温度、气温和太阳辐射温度，其中最易为人感知的是气温。一般情况下，树荫底下的空气温度比露天的空气温度低3℃~4℃，而草地上的空气温度比沥青地面的温度低2℃~3℃。经过绿化的地面、墙面、屋面等，植物成为隔热层，有效地减少室外空间与围护面之间的热交换。

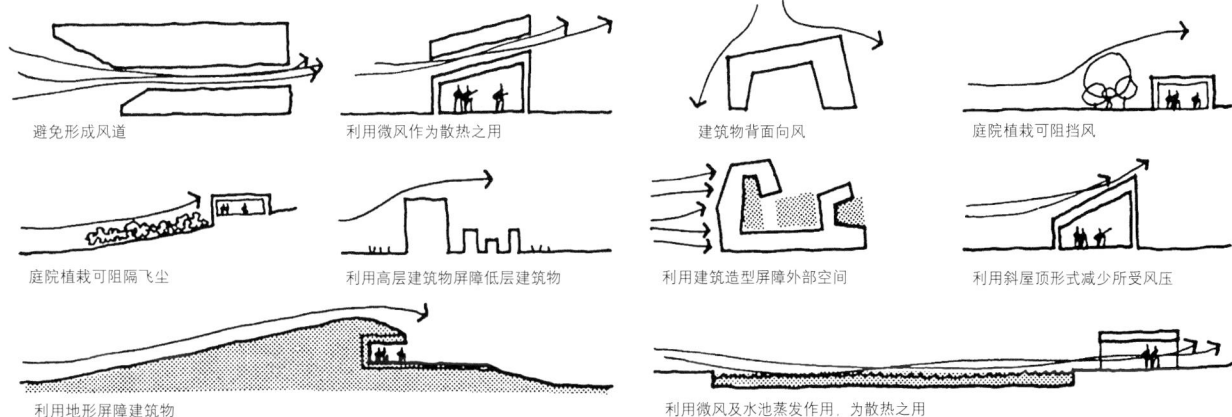

避免形成风道

利用微风作为散热之用

建筑物背面向风

庭院植栽可阻挡风

庭院植栽可阻隔飞尘

利用高层建筑物屏障低层建筑物

利用建筑造型屏障外部空间

利用斜屋顶形式减少所受风压

利用地形屏障建筑物

利用微风及水池蒸发作用，为散热之用

图1-37a 场地设计中对气流与风的疏导和利用

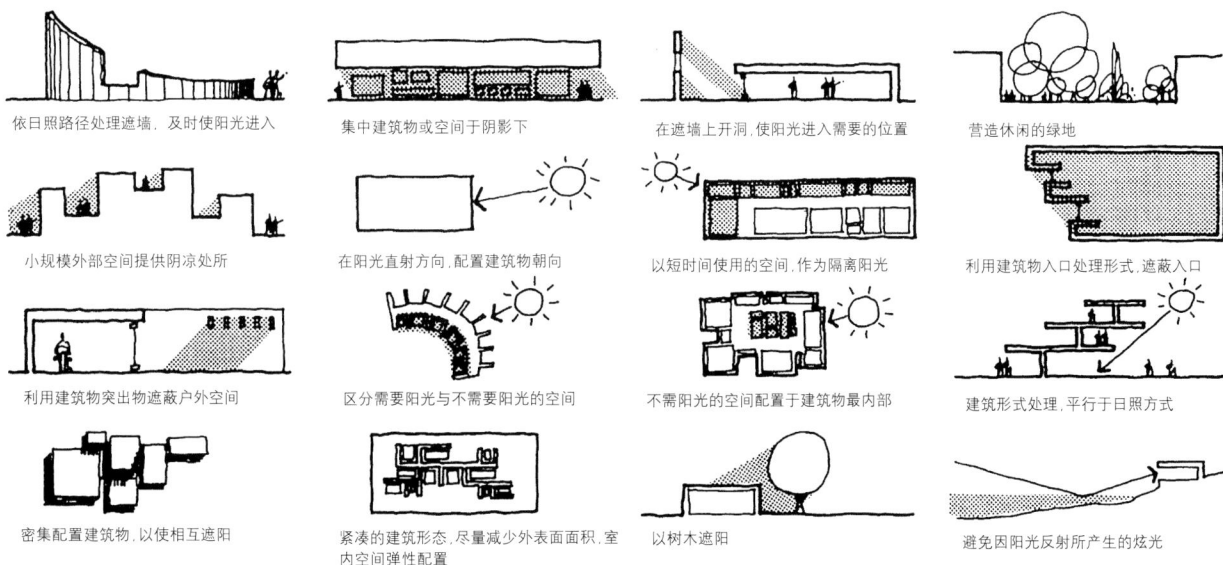

依日照路径处理遮墙，及时使阳光进入

集中建筑物或空间于阴影下

在遮墙上开洞，使阳光进入需要的位置

营造休闲的绿地

小规模外部空间提供阴凉处所

在阳光直射方向，配置建筑物朝向

以短时间使用的空间，作为隔离阳光

利用建筑物入口处理形式，遮蔽入口

利用建筑物突出物遮蔽户外空间

区分需要阳光与不需要阳光的空间

不需阳光的空间配置于建筑物最内部

建筑形式处理，平行于日照方式

密集配置建筑物，以使相互遮阳

紧凑的建筑形态，尽量减少外表面面积，室内空间弹性配置

以树木遮阳

避免因阳光反射所产生的炫光

图1-38 日照等对场地建筑布局的制约

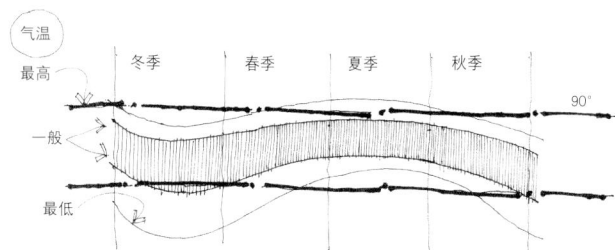

图1-39 设计前对日照量的调查分析

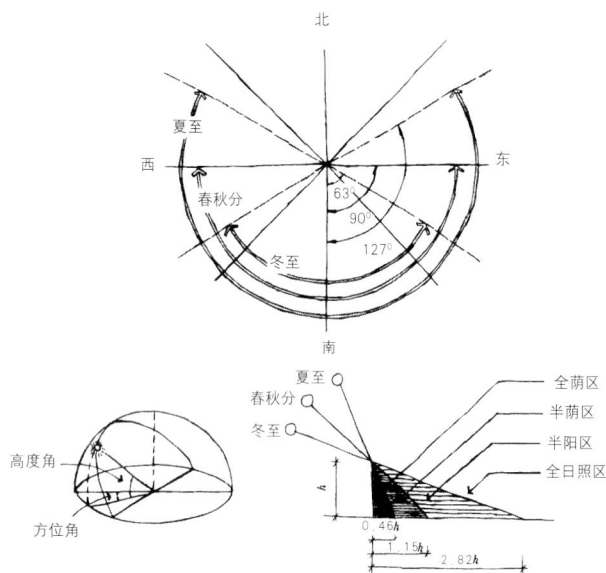

图1-40 太阳高度角和方位角

图1-41 小气候对场地的影响，场地对小气候的利用

空气湿度也是人居环境中不可缺少的生态因子。若湿度过高，容易使人感到疲劳，过低则会使人感到干燥、烦躁。最适宜的相对湿度一般为30%～60%。由于绿色植物具有蒸腾水分的能力，堪称最好的"生物加湿器"，绿地的相对湿度比非绿地可提高10%～20%。并且绿地调节湿度的范围，甚至可达到半径为500m的临近地区。这种生态效应的变化是由树种和树林面积的大小决定的。（图1-42、图1-43）

■调研内容

冬季盛行风向以及夏季微风方向；

被建筑或地形庇护的区域；

环境的生态小气候分析。

植物的生长期、区域内的降雨量及降雨时间、蒸发量及蒸腾速率是决定植物选择和灌溉系统设计的关键因素。这些数据为确定主要生长季的自然水源用量、适宜类型的植物材料及有效的灌溉用水提供了依据。

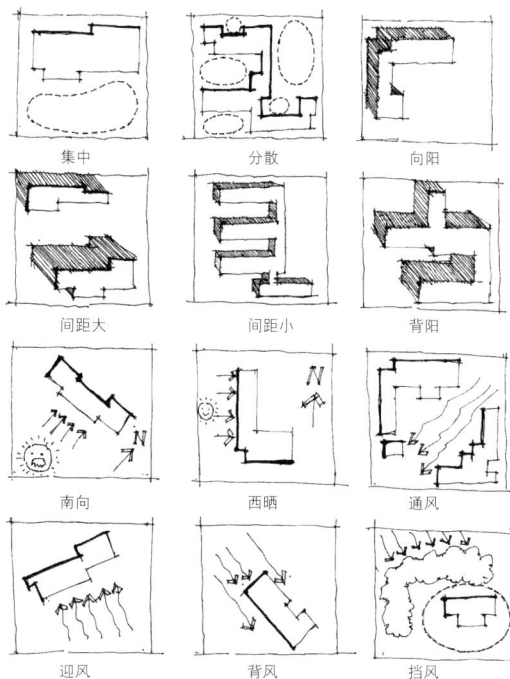

图1-42 小气候的调节带给人舒适性的感受

图1-43 植物和水体营造小气候的实例：美国佩里公园

三、水体

在场地中要有疏导雨水的意识。地形中的脊线通常称分水线，是划分汇水区的界线；山谷线常称为汇水线，是地表水汇集线。(图1-44、图1-45)

地表径流是指降雨或融雪在重力作用下，沿地表流动并汇入河槽的水流（包括地下饱和含水层中的地下径流和非饱和土壤中的壤中流）。谷线所形成的径流量较大且侵蚀较严重，陡坡、长坡所形成的径流速度也较大，另外，地面较光滑、土壤黏性大时也会加强地表径流。

基地内部若有一定规模的水面，如河、湖、溪水、池塘等一般会成为环境构成中的一个积极因素，极大地丰富基地的景观，有利于改善基地的环境，也是场地设计极好的发挥条件和因借条件——或成为背景景观，或成为场地本身设施及环境的组成部分。(图1-46)

■ 调研内容

标注现有水面的位置、范围、水深；

常水位、最低和最高水位、洪涝水面范围；

水面岸带情况，包括岸带的形式、受损情况、稳定性、植被情况；

现有水面与基地外水系的关系，包括流向与落差，有关水工设施（水闸、水坝）的使用情况；

结合地形，标明汇水点或排水体，主要汇水线。(图1-47)

了解地表径流的情况，包括位置、流向、强度等。

四、土壤

1. 透水性

对土壤进行的现场考察最重要的是土壤的承载力和透水性两个方面。土壤保持水分的能力会大大影响灌溉设计和灌溉时间表。渗透速率会影响使用哪种系统和流速的设计。通常情况下，土壤渗透率高表明应采用常规的喷洒系统，相反，滴灌系统更适合于用在渗透性差的土壤中。

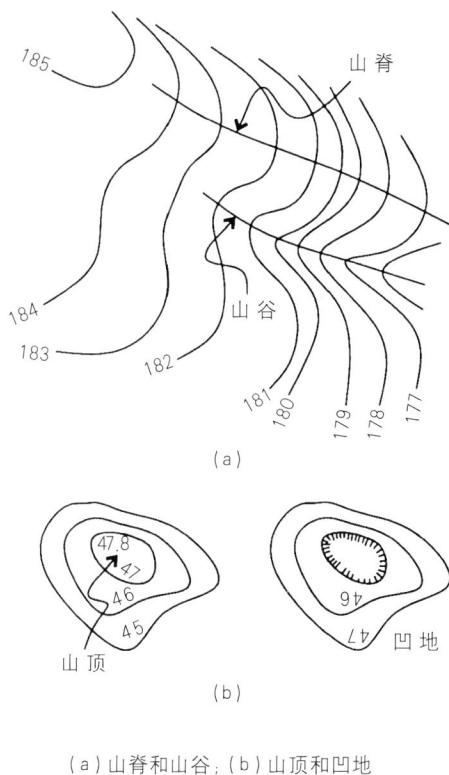

(a)山脊和山谷；(b)山顶和凹地

图1-44

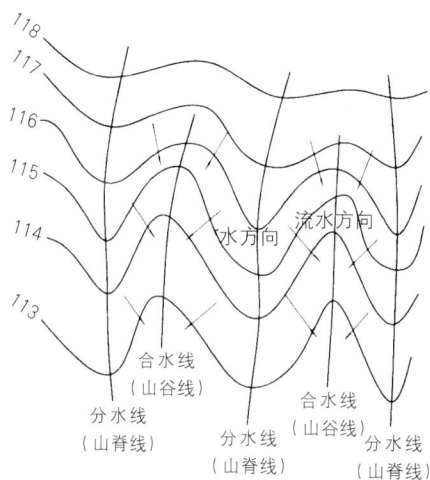

图1-45 分水线和汇水线

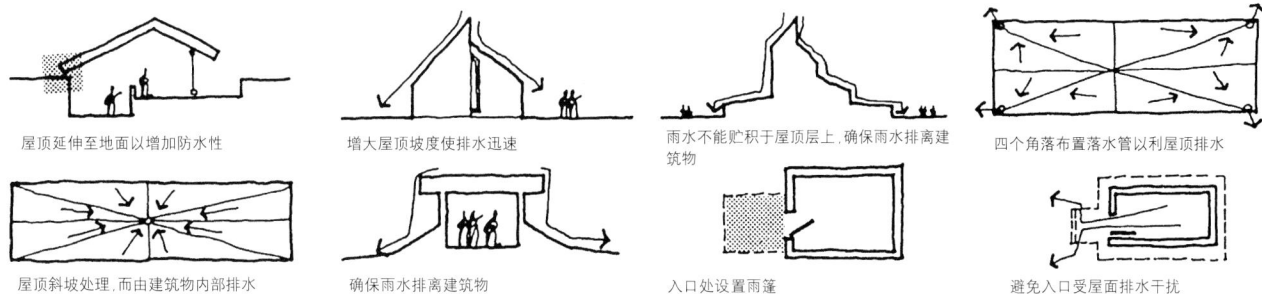

图1-46 场地中疏导雨水的形式

2．承载力

潮湿,富含有机物的土壤承载能力很低,必须采用打桩、增加接触面积或铺垫水平混凝土条等进行加固,或者在规划上布置承载力要求低的功能区,如停车场等。(图1-48)

■ 调研内容

场地的地基情况:土壤的稳定性是决定是否需要使用保护结构的首要条件。必须测定基础的承载力和摩擦力系数,以确保防护结构不会因结构和所保护的土壤产生的滑坡或不均匀沉降而坍塌。另外,土壤含水量决定了排水措施和设计细节。

哪种保护结构适合场地:加固筑堤、局部和叠砌墙体系统、刚性保护墙?选择适当的结构要根据是否实用、美观、经济,结构预期的寿命及维修和空间限制或完好的植被在施工中允许的通道等来决定。(图1-49)

预建结构的设计规范:保护结构必须能支撑被保护的土壤重量,同时防止倒塌、沉降或结构墙角被压碎及水平滑动。许多计算机程序和厂商提供了设计图表对这类结构进行辅助设计,但要确保优质设计,了解这些基本原理是非常重要的。

保持完整的护土结构的排水战略:必须要维持土壤结构的长期稳定,特别是在生命和财产会受到威胁的地方。适当的排水,特别是在有结冰和解冻的气候条件下,是保持完整的护土结构系统的最重要的因素。

抗剪切强度决定了土壤的稳定性和抗变形能力,特别在容易造成滑坡的坡面上,场地设计中要保持土壤安息角(由非压实土壤自然形成的坡面角)的稳定,地形的坡面角应小于土壤的安息角。(图1-50)

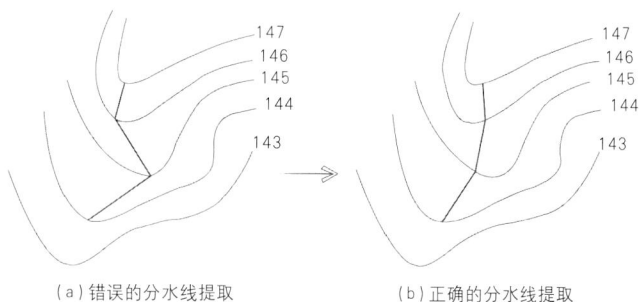

(a)错误的分水线提取　　(b)正确的分水线提取

图1-47　分水线的提取

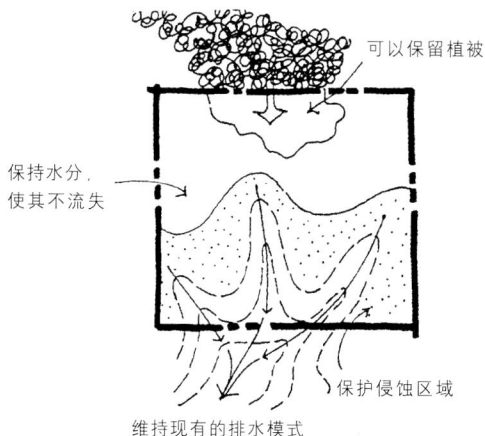

图1-49　设计前对土壤的承载力的考察用于指导设计

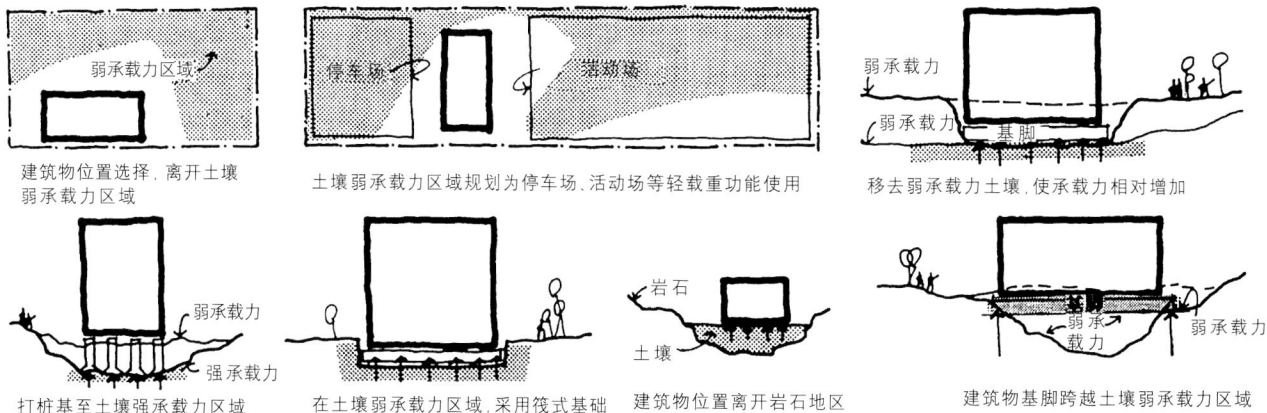

建筑物位置选择,离开土壤弱承载力区域

土壤弱承载力区域规划为停车场、活动场等轻载重功能使用

移去弱承载力土壤,使承载力相对增加

打桩基至土壤强承载力区域

在土壤弱承载力区域,采用筏式基础

建筑物位置离开岩石地区

建筑物基脚跨越土壤弱承载力区域

图1-48　对土壤的加固方式

五、植被

1. 植被的范围

场地中的植被包括：公共绿地、宅旁绿地、公共服务设施所属绿地和道路绿地（即道路红线内的绿地）。其中包括满足当地植树绿化覆土要求、方便人行出入的地下区域或半地下式建筑的屋顶绿地，不应包括其他屋顶、晒台的人工绿地。

2. 植被范围

对植被条件的分析应了解它们的构成种类和分布情况，对重要的植被资源应调查清楚，比如成片的乔木、灌木，有价值的大树、古树以及较为特殊的树种等。保护和利用基地中原有的植被资源是优化未来场地景观环境的重要手段，也是优化生态环境，包括优化小气候、保持水土、防尘减噪的重要手段。

■调研内容

现状植被的种类、数量、分布以及可利用的程度，如果种类不复杂可以在图纸上定位；

面积大的区域则要对其林地范围、植物组成、水平与垂直分布、郁闭度、林龄、林内环境等内容进行逐项调查；

杂草、景观大树、有用的灌木丛等信息，能集中反映出当地的植被特征。

在前期工作中，能得到现状植被分布图是最为理想的。如果条件不允许，也要进行现场踏勘以得到重要的现场情况。主要标明现有植被基本情况，要保留树木的位置，并标注品种、生长状况、观赏价值等。有较高观赏价值或特殊保护意义的树木最好附以彩色照片。

六、道路

1. 道路的构成

道路的组成包括机动车宽度、非机动车宽度、人行道宽度、道路设施的侧向宽度、道路绿化宽度。（图1-51、图1-52）

道路红线与建筑红线的关系。（图1-53）

基地内通路的要求。（图1-54）

2. 出入口

现代景观中的出入口不仅决定着场景整体的交通流线、人车关系，而且是一个场地的景观标识，它的形象所代表的意义通常是业主关心的内容。综合它的功能意义和审美意义，设计师要考虑以下几个重要的方面：

出入口位置与场地内外主要交通流线的关系；

出入口的尺度问题；

安全性考虑（保安岗亭）；

车流、人流的管理；

入口的景观形态、标识。

3. 人车行路管理

场地区域内，显然有人流与车流管理的设计，相关问题主要有以下几个方面：

人行通道与车行通道的平面关系；

人行通道与车行通道的立面关系；

安全性考虑；

噪音、污染的防御。

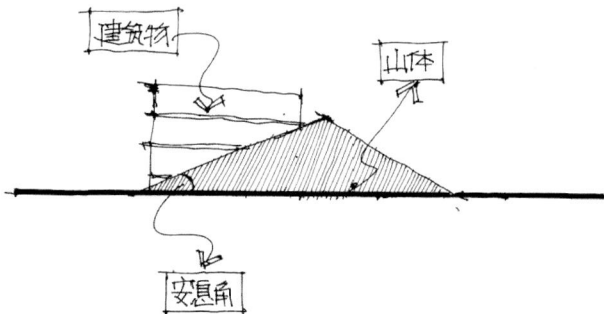

图1-50　安息角

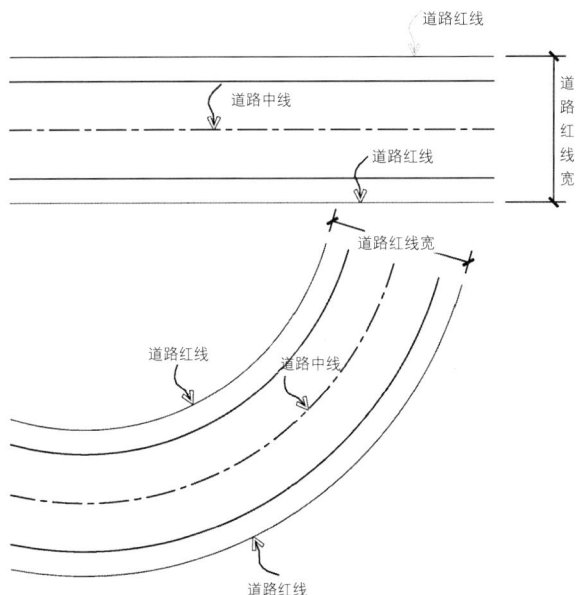

图1-51　道路红线

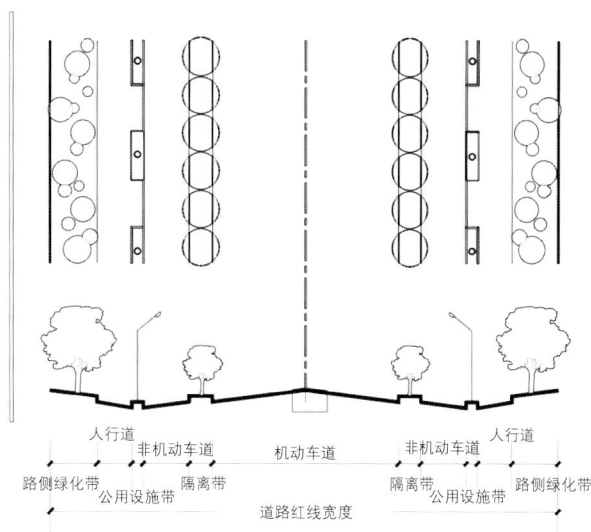

图1-52 道路的构成

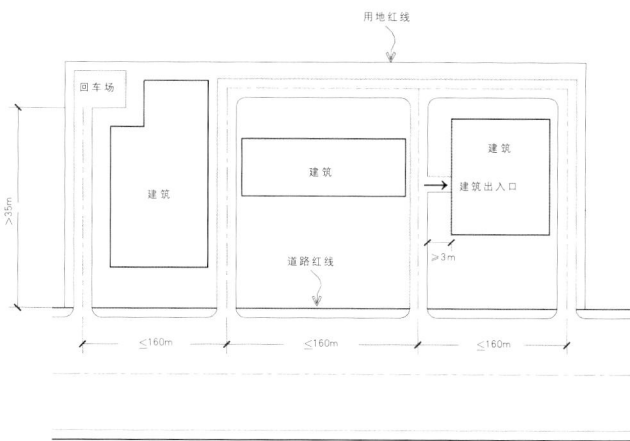

图1-54 基地内通路的要求

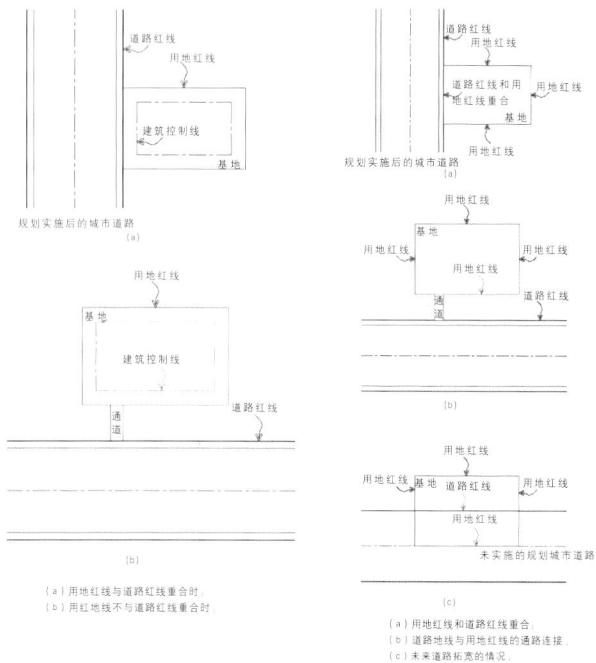

图1-53 道路红线与建筑红线的关系

■调研内容

连接道路的车流方向和相对容量；

人行步道、自行车道、车行道的连接点；

场地进出口的合理地点；

现有道路的区级尺度及边界形式。

七、人工设施

1．场地中的建筑（图1-55）

功能实现度：场地中的建筑是否较好地实现了其功能指向，特别是与环境的协调是否相互呼应。

空间效率：场地中的道路设施、构筑设施是否满足了空间的均好性，最大限度地实现空间功能。

2．其他人工设施

其他人工设施包括地下管线、变电箱、音响、垃圾站、收发室等功能设施的分布。

■调研内容

现有建筑的用途、朝向、较好视区、阴影区；

地下管线图，图纸中应反映上水、下水、环卫设施、电信、电力、暖气沟、煤气、热力等管线位置及井位等，必要时，还需要与设备专业设计人员沟通；

场地的噪音情况，有无有效遮挡面等。（图1-56）

八、技术指标

占地总面积：指场地内建筑用地、道路绿地、绿化用地、景观用地的总和。

建筑总面积：场地内各类建筑面积的总和（含各楼层面积）。

道路面积：场地内车行道路与人行道路的总和。

容积率：指"建筑面积密度"——土地利用率的指标之一，就是在用地范围内的单位面积上所有建筑物各层建筑面积的总和，单位为平方米／万平方米或用其百分比（%）。（图1-57）

建筑物退缩形成前庭，作为都市景观

与邻地共用停车场

人行步道旁有遮荫的座位

步道外设置休息坐椅

下班后吸引人群聚集于基地

建筑物成为供邻近使用的设施

屋顶平台作为公共走道之用

建筑物底层挑空作为人行流线

于车道与步道之间植栽行道树

将地坪铺面延伸至公共人行道

毗邻步道设置水景

人行步道上方有树荫

坡面有景园处理

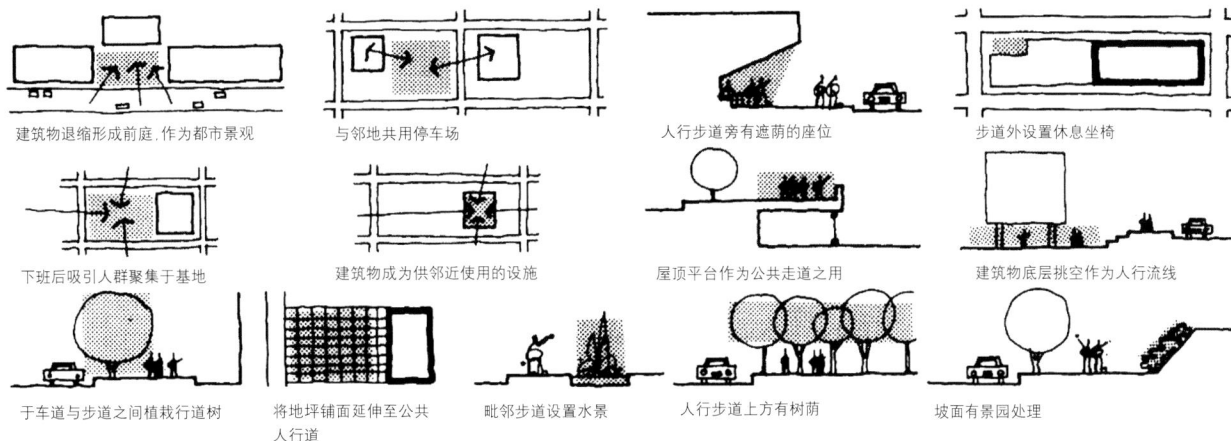

图1-55 人工设施的利用

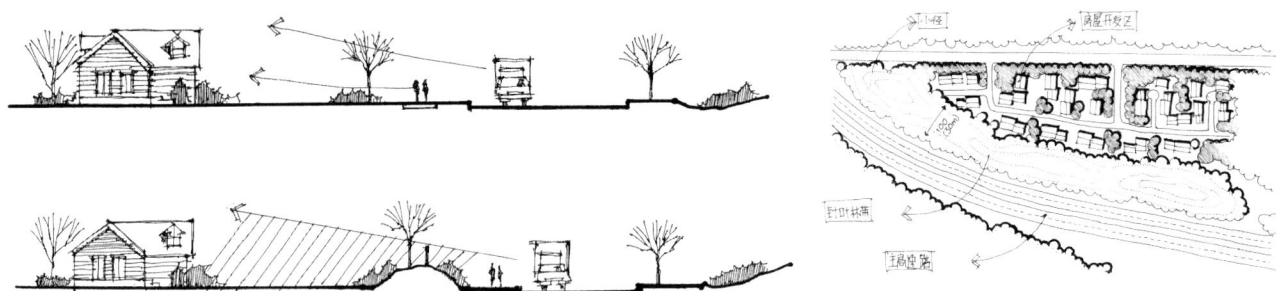

图1-56 场地中对噪音的考虑与规避

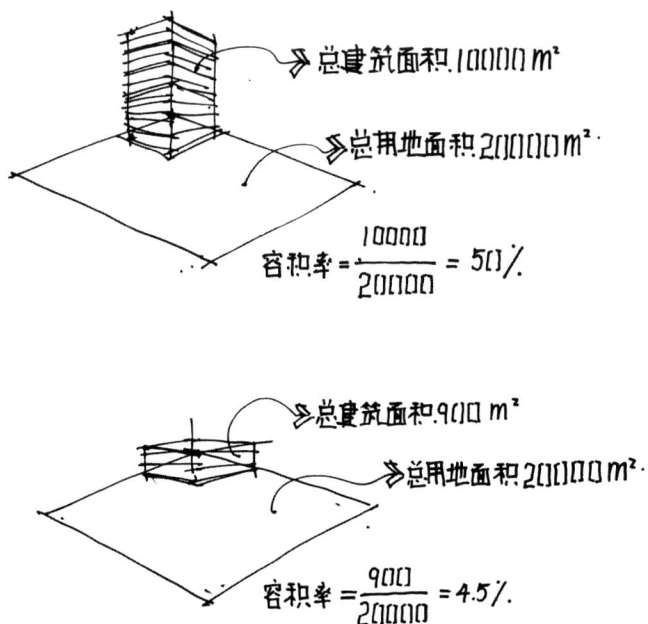

总建筑面积:10000 m²
总用地面积:20000 m²
$$容积率=\frac{10000}{20000}=50\%$$

总建筑面积:900 m²
总用地面积:20000 m²
$$容积率=\frac{900}{20000}=4.5\%$$

图1-57 容积率

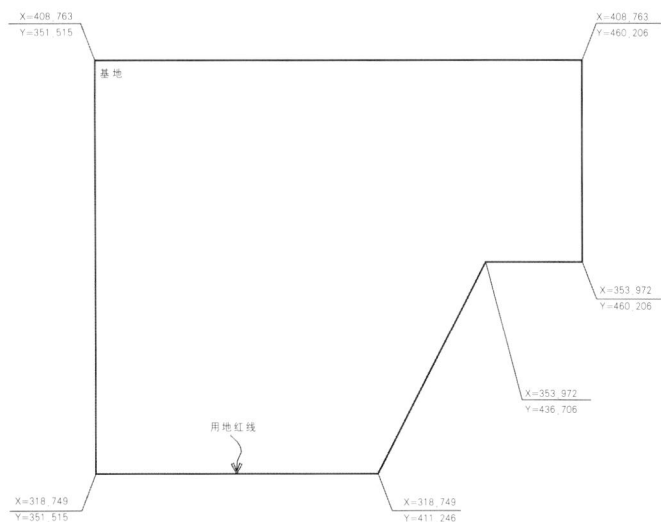

基地
用地红线
建筑基地四周的坐标

图1-58 红线范围与基地坐标

绿地率：用地范围内各类绿地面积的总和占用地面积的比率（%）。

停车率：指场地内规划停车位数量与居民户数的比率（%）。

九、底图

底图是指现有场地的测量图，通常是原有的规划地形图。在规划阶段的早期，准备好底图是很有效的工作方式。它是我们进行分析和设计的中心素材。它的作用体现在：

1. 底图上通常会有各种有用的信息，对于设计是必不可少的。

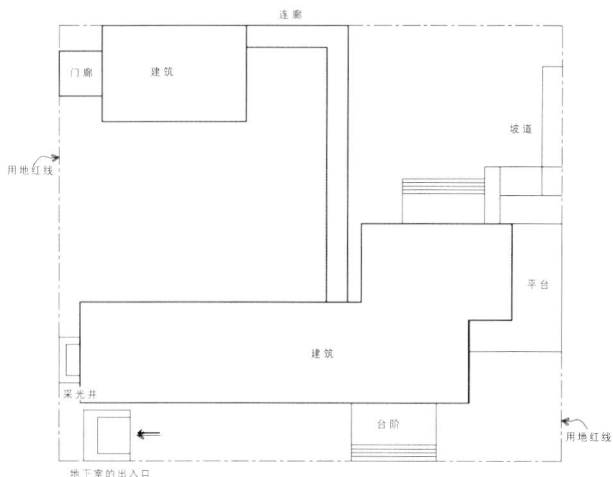

图1-59　不允许突出道路红线和用地红线的建筑突出物

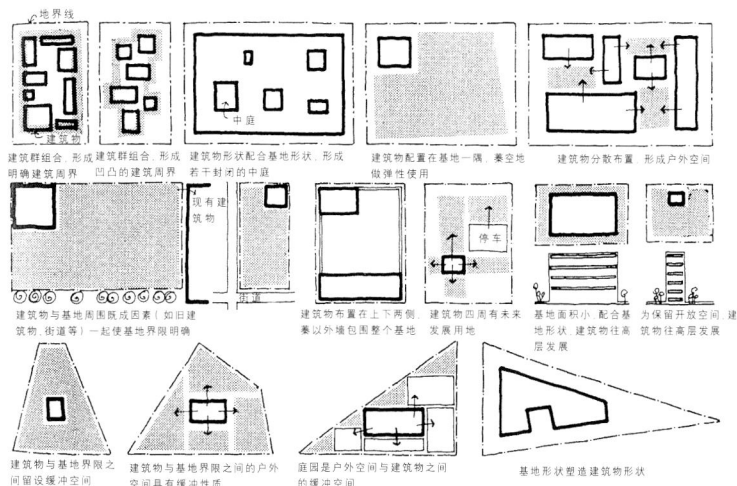

图1-60　基地界限的作用及其与场地的关系

红线范围（图1-58）

（1）道路红线：即规划的城市道路（含居住区级道路）路幅的边界控制线；

（2）用地红线：即规划管理部门按照城市总体规划和节约用地的原则，核定或审批建设用地的位置和范围线；（图1-59）

（3）建筑控制线：建筑物基底位置（如外墙、台阶）的边界控制线。

2. 底图能为以后所有图纸提供一个版式，让规划的图面工作有重要的参考依据。并且，随着工作的深入进行，能对其进行比例放大，作更为细节的设计。（图1-60）

另外，场地设计的各个阶段中还需要几种不同类型的图纸来说明设计的意图：

场地勘测图：场地基本信息的原始根据，内容包括指北针、高程、道路、设施等。（图1-61）

场地设计平面图：它是一张场地地图，是为一些实际的绘图目的进行的典型创作，是场地勘测中得到资料的一个复制品，也是工作中各个不同方面的表现。对于简单的项目，一张平面布置图就足够了。对于大型的、复杂的项目，为了有更多的可读性，需要一系列的设计图才能够表现所选择的信息。对于一个建造项目来说，平面布置图是全套结构图中最主要的部分。（图1-62）

地形设计图：从总体上表现现有场地等高线（地表的形式）和现状特征（例如树木、现有的建造工程等）的场地地图。它还指出了设计等高线和总体上重点恢复场地表面的形式，称为已修整坡度。作为场地设计工作的完整性，地形设计图表示已修整的坡度，这是最终的场地表面。

建造设计图：指一个场地计划中的建造工作在水平方向上的平面观察图。建造物本身将主要通过各种详细的图纸各自进行描述。场地建造（行车道、路边石、挡土建筑、植物种植器等）、建筑基础、其他低于地表的建造工程（地下室、管道等）以及提到的建筑物的地面（首层）高程，都要绘制单独的图纸。

十、常用单位

国际单位制的基本单位：米／平方米

国家选定的非国际单位制单位：公顷

非国际单位制单位与法定计量单位的对照及换算：

1 公尺 =1 米

1 公寸 =1 分米

1 公分 =1 厘米

1 英尺 =30.48 厘米

1 英寸 =25.4 毫米

1 公亩 =100 平方米

1 亩 =(10000/15) 平方米 ≈ 666.6 平方米

1 平方英尺 ≈ 0.092 平方米

1 平方英寸 ≈ 6.451 平方厘米

1 平方英里 ≈ 2.589 平方公里

1 公顷 =10000 平方米 =15 亩

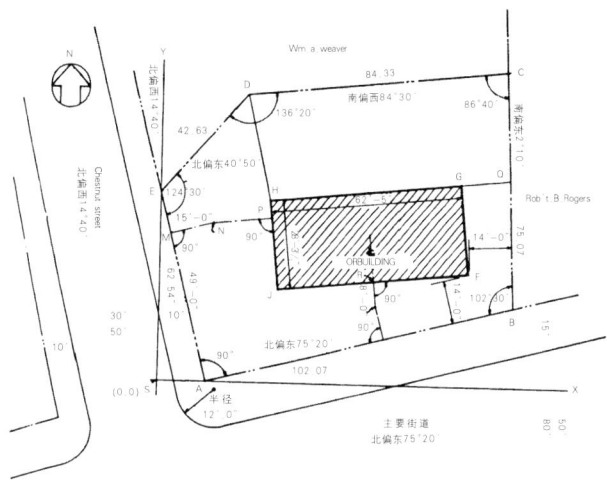

图 1-61 场地勘测图

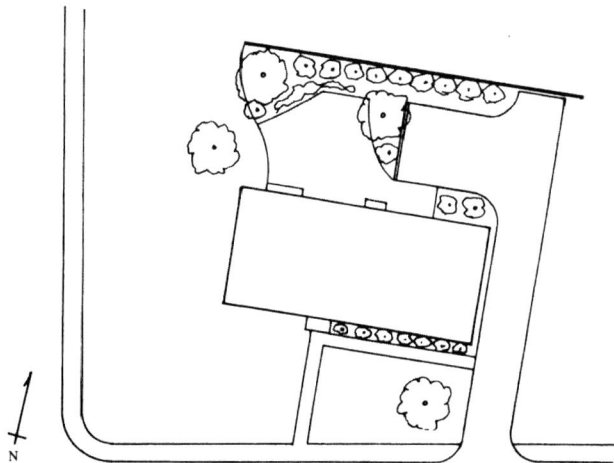

图 1-62 场地设计平面图

第三节 扩大到区域

基地现场的自然条件的调查以及数据的收集是我们认识场地的初步阶段，为了更深入地了解场地的背景，使设计更符合场地的情况，我们有必要将其放在更为广阔的背景下来考察、理解，也就是对场地的社会条件进行调查，这就是扩大到区域的概念。

一、背景

区域的内容相对现场的内容更为多样、复杂，涉及社会的方方面面。我们的解析工作需要对包括生态过程、文化过程和经济过程在内的各种资料进行分析和评价，以及收集、分析和评价与这些系统相关的基础资料，以便对假定对象做出相应的设计对策。这些基础资料必须能够代表特定时间、地点条件下设计的功能特点，以便充分评估现状，可以从一些资料中如地质调查图、道路图、各类规划报告,以及因特网中得到项目相关的外围区域背景。

1．区位图

区位图是项目场地在地区图上的定位图。从区位图中，我们可以从更大的尺度来看待场地，得到它们之间相互影响的因素。从规划用地的区位图中，我们能大致看到基地周边用地性质，是以学校、艺术馆为主体的文化区，还是以厂矿为主的工业区，并开始不自觉地思考它们各自的特征。(图 1-63)

2．红线

在城市建设的工程图纸上划分建筑用地和道路用地的界线，常以红色表示，即为红线。道路用地上的建筑物和地上管线、建筑用地上的建筑物及其地下地上的突出部分，均不可超越此线。红线不仅能提供准确的设计面积、规定设计职责范围，在进行场地设计中，红线还具有非常重要的意义——它让设计者清楚怎样处理基地与环境的关系，怎样与环境衔接，采取怎样的空间形态，给人怎样的视觉和心理影响等。

3．服务半径

服务半径是基地到达区级公共服务设施的最大步行距离，它代表基地便利性的程度。(图 1-64)

4．社会

从场地现场扩大到区域以后，能从背景资料上作

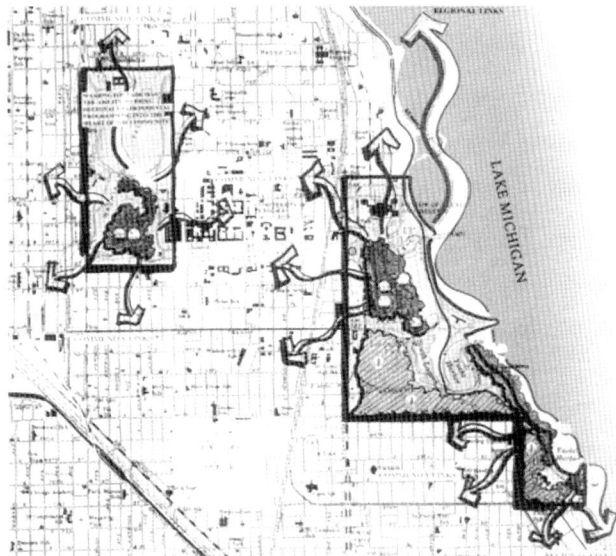

图1-63　区位图能反映基地的区域环境概况

出更多而丰富的考证，帮助我们认识一个动态的场地。场地的社会内涵包括语境和文脉两方面的内容。

场地语境可以被认为包括场地及其周边区域，这些形式上的环境，还包括土地利用模式和土地价值、地形和微气候、历史和象征意义，以及其他社会文化现实和渴望。场地文脉不仅与物质意义上的"场所"有关，而且关系到创造、占据和使用环境的人。了解当地的社会文化语境和文化差异，可以"阅读"和"理解"城市场所，揭示许多创造和维持城市场所的文化内涵。场所浓缩了这样的理念：尊重和充分理解地方文脉是城市设计成功的首要因素。每个场所具有的特质是它最宝贵的设计资源，特色鲜明的区域通常要设计师"谦卑"地回应；而环境质量较低的区域，则提供更多创造新环境的机会。

理解人（社会）与环境（空间）的关系，对于场所设计，特别是城市空间中的场所设计，是至关重要的。正如环境影响人一样，人也影响着环境，这是一个双向的过程。(图1-65)

5．综合信息

对于不同的场地、不同的区域、不同的建筑设计，信息的形式有相当大的变化，常见的有：

地产使用限制：土地所有权、使用权等权宜者的立场、观点对土地开发都有重大的影响。

地区人口统计研究：提供了关于当地条件的各种信息，包括现有的和计划的。这些研究对于项目总体

图1-64　场地设计与区域环境紧密结合，能正确地衔接各个空间。

图1-65　从城市的角度，理解社会与环境之间的关系　从江岸看重庆城市的山地面貌

上的综合开发很重要。

　　区域开发规划：几乎每个政府实体（城市、城镇）都有一个控制性规划。其中保留当地有文化价值的建筑物、维持社区风貌等都是场地设计要了解的内容，因为这些都有可能成为设计的限制性因素。

二、尺度

1．基本概念

　　景观设计师的工作经常游走在各种空间的尺度中，从大范围的区域性的景观规划到植物园、公园等公共环境设施的设计，或是公共花园的设计、住宅小区或组团的设计，项目的类型都为设计师指定了基本的尺度概念。尺度一般不是指对象的真实大小和尺寸，而是指要素给人的印象大小和真实大小之间的关系。一般情况下，这两者应该是一致的，但实际上可能出现不一致的现象。如果两者一致，意味着场地设计正确地反映了场地真实的大小；如果不一致，表明场地没有正确处理好与周边环境及其内在要素之间的比例关系。(图1-66)

　　在环境设计中，无论室内设计、景观设计还是建筑、城市设计，都会涉及尺度的概念，但在不同的场合，尺度的含义很可能是不一样的，作为设计师一定要分辨清楚。有的时候尺度更侧重物体之间的比值关系；有的时候更强调设计的某种背景概念，即设计的部分与整体之间的衔接、传承关系。在景观场地设计中，尺度的概念应是指景观中的某一部分与其他部分之间的尺度比值、景观与人的尺寸比值以及理解这些比值的情感效应。因此可以用尺度来审视景观。为了准确地认识场地，设计师要提前在脑海中建立尺度模版。(图1-67)

　　一块场地在设计师的手中可以形成各种尺度感，关键是我们怎样找到最适合场地的尺度。既然有"度"，就包含着"相互关系"，就意味着这块场地不是孤立的，它显然与进

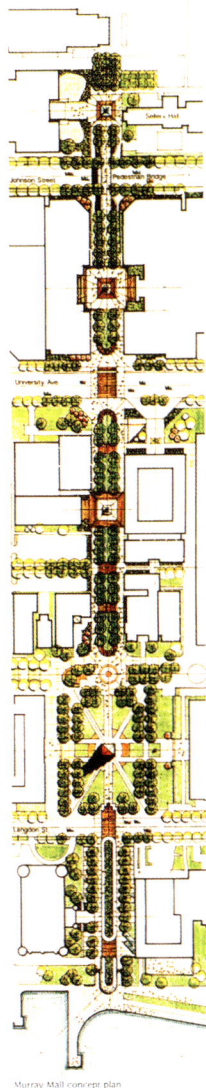

图1-66　在场地设计中对尺度的把握创造出适宜的空间形态
SWA设计的大学规划图

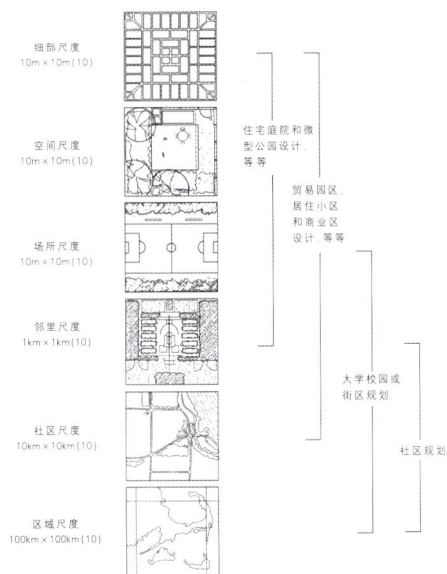

图1-67　理解不同尺度的图面形态，深化尺度的空间表现。

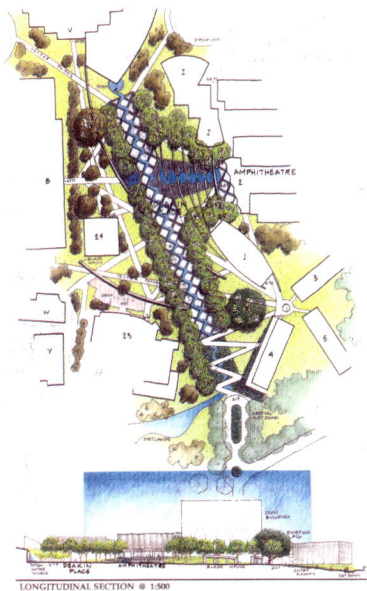

图1-68　综合考虑周围环境尺度的场地设计

入它的空间和从它而出的空间有着必然的关系——与周围环境的尺度关系。(图1-68)

2．尺度的深化

我们要知道，尺度一旦发生改变，相关的问题和资料都会发生改变。在项目推进的过程中，尺度的重心也在发生变化：一个公园在开始的时候，尺度强调的是各种要素的空间组织关系（如球场、厕所、停车场等），即它们之间的相互关系以及与周围邻里的相互关系；最终，重心必然转向各要素空间和细部尺度，以深化公园这个公共场地的特定设计。

在尺度解析的过程中，我们要知道以下几个原理：

（1）无论项目的类型如何，景观设计师都必须具备对所有尺度的生态、文化和经济过程产生影响的基本知识；

（2）景观设计师必须具有作用于基本尺度概念的生态、文化和经济的特定知识；

（3）当项目转向细部尺度时，对所需的基础资料的分析也相应增多；

（4）对场地现状及相关问题的诊断因尺度不同而有所不同；

（5）在概念化的过程中，所关注的尺度是变化的；

（6）当设计转向细部尺度时，设计方案的严密性有所增加；

（7）评价设计方案带来的期望或不期望的结果根据尺度不同而不同；

（8）衡量结果的恰当方法根据尺度的不同而变化；

（9）图纸表达的方式根据尺度而变化；

（10）当设计师转向细部尺度时，交流中涉及的参与方的数量会减少。

三、特征

1．场所感

场地的特征就是指人们在特定环境中所产生的指向场地的场所感。经过设计以后的场地肯定会具备某种场所感，它应是独一无二的，没有任何环境可以替代的。因此，我们可以推断，设计师笔下的任何场地都应该是具备独有特征的场所，这是设计师心里最清楚的，也是体验者能感到的。这样的场所感，也只有对区域进行考察并将场地与之紧密结合之后才能诞生。(图1-69)

以公园用地为例，将公园用地理解为可对公众开放的唯一的空间形式是一种误导。大量的人群还聚集到其他的公共场所——街道、广场与市场，但是这些场所不是严格以游憩为主要目的。他们也聚集到私人所有但被老百姓广泛用于游憩的场所——建筑广场、购物中心及商业性公园。了解这些空间发挥的作用，并使它们成为整个社区的开放空间的一部分是非常重要的。

从外部和内部两个方面准确地表达场所感，不同的审视角度能帮助设计师找到场地的定位。(图1-70)

2．特征

在对场地的区域背景和尺度了解以后，自然地，在我们脑海中会勾勒出场地的特征。或许，有许多的形容辞藻盘旋在设计师的脑海中。设计师对场地的印象、感悟、认识、理解开始随着特征的步步显现而更加明确化。如旧金山码头内河散步区的案例中，散步区是一个真正的民主开放空间——基本上作为一条公共道路对待，且没有任何时间和使用限制。那里没有

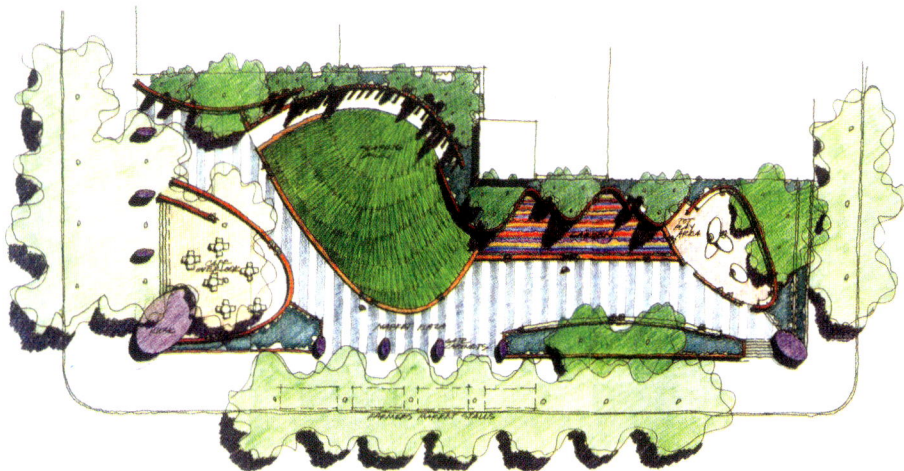

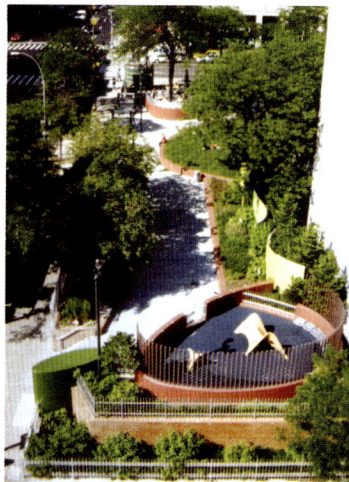

图1-69　场地的场所感营造

围栏和其他安全限制,也没有任何城市街道的那种监视设备。建筑师 Saitowitz 这样写道:"结果,顺带有些'无意识的使用者'——最引人注目的是滑滑板的人。"(图1-71)

对于设计师来讲,我们要清楚地知道,场所中要发生什么?发生在怎样的环境中?比如,购物市场具有一定的匿名性和开放性,因为人们的购买愿望是与场所(购物地、步行区)的相互关系滋生而来的——发生在此地与彼地的设计缘由是完全不同的。

分析和确认后,会就场地的特征提出问题:它是激扬的还是含蓄的?是开放的还是内敛的?是生态的还是人工的?这些问题在设计师心目中要有清晰的答案。

3．演变

我们要清楚,设计的场地在使用中的多样性在一天中是怎样演变的。白天,用于普通使用的道路空间每天早晨繁忙起来,它的使用渗透整个建筑群;到了傍晚又沉寂了,使用场地转移到业余活动区域、文化和休闲区域;直到午夜,只有公共区域是开放的。这种增长与萎缩是场地的特征,也是城市的特征,有节奏和韵律地变化着;这些内容只能在大多数人的潜意识中被感知,而作为设计师要考虑到方案中去。

四、影响

在构思出场地的大致面貌后,为能及时审核场地

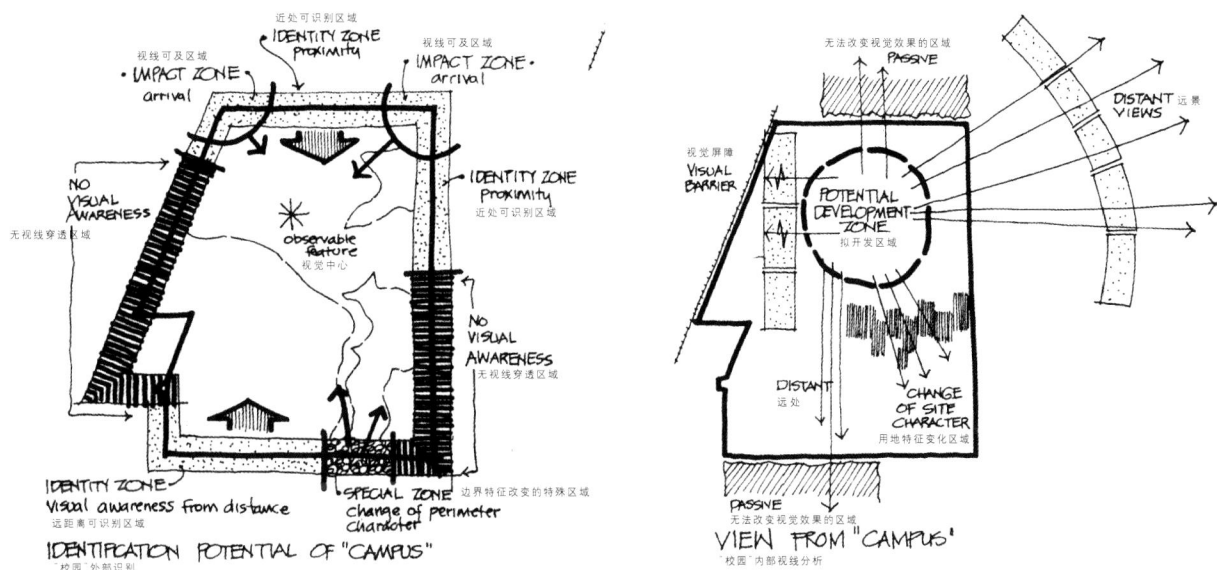

图1-70 从内部和外部两个方面来审视场地的案例

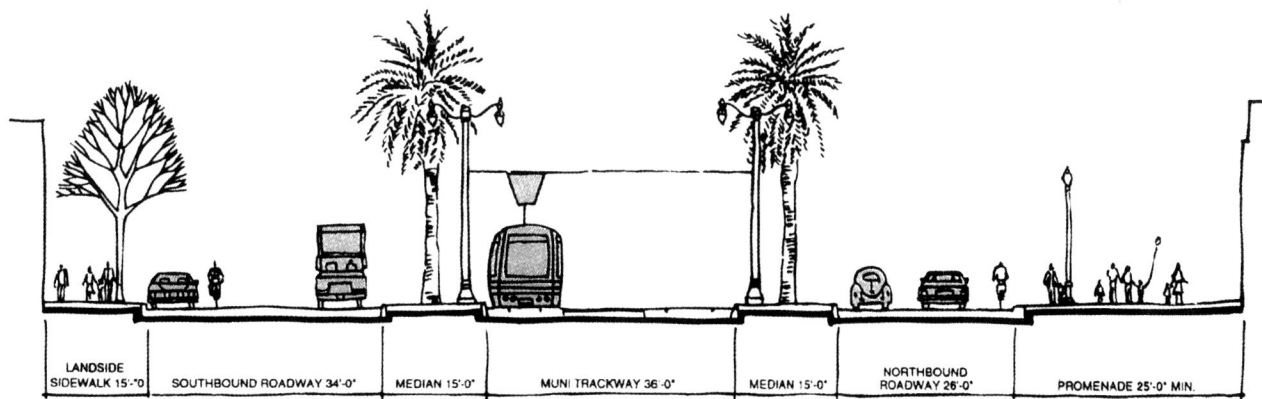

陆地的边缘与滨水区的边缘由约126英尺宽的行车道和市政轨道分开。市政地铁的延伸费用由联邦交通基金会支付。

图1-71 让场所特征突显:旧金山码头内河散步区

设计的步调，设计师可以就当前的成果、实施途径和决策与甲方团体作影响设计的评估，以达到更加理性的目的。我们可以从三个方面来评价设计的影响：

1. 环境影响

场地的设计开发给人们带来便利或者收益的同时，会给环境带来破坏，如生态破坏；或者反之，设计师以删减掉环境中会带来负面影响的某种污染源，从而恢复生态的某种平衡。(图1-72)

2. 社会影响

设计师必须清楚场地设计在协调周围环境、地块、空间之间起到了怎样的作用。设计中，设计师所构想的空间会给社区环境特别是人群带来怎样的干预？场所中

图1-72 环境影响：韩国首尔河道治理带来的生态修复

出现的各种形态的实体或虚体会产生怎样的空间感受？是加强了私密性、产生了分隔感还是孤立感？并且，场地在整个区域环境中的业态影响是怎样的；是增添了区域的商业性，还是加强了区域的文化性，或是两者兼备？或许这种关系在设计中被设计师有意识地加强了，也有可能被无意识地削弱了。结果不是我们关心的，我们更在乎的是，出现的任何结果都在我们的意料之中，是必然的，是设计师希望的。反之，我们要考虑这个设计是否已经处于我们控制之外了，而这样的信号是非常危险的。(图1-73)

3. 经济影响

经济影响是指建造的目标场地在经济上的代价以及回报是什么？会不会产生剩余劳动力或者增加了新的岗位。另外，经济指标也指向了场地的建造和维护所产生的经济代价，设计的思路是在允许的范围内进行的，

图1-73 英国布莱恩特公园的场地开发以社会影响作为设计的动因

还是超过了项目能承受的范畴? 有没有必要与甲方团体就开发力度和强度进行磋商, 进一步理解双方的目的和观点。(图1-74)

由于景观设计最后的成果不仅要表现在图纸上, 而且要花费大量的人力、物力、财力实施, 因此, 设计师不可图一时的痛快而忽略了项目的可实施性。

在本阶段, 通过以上的价值评估审查, 我们得到了下一步的清晰的脉络, 从而加强了对项目的控制性。

公园被4条单行道环绕, 东面和西面都有汽车出入口, 为了确保交通的顺畅, 入口与出口分离, 而这是原来停车场的突出问题。

图1-74 对停车场的改造, 将停车场改为地下停车场, 获得地面的绿地空间——经济而具生态。

工作计划——场地分析图

在设计初期，深入到场地去体验和考察，没有比这样更好的方法了。

在对场地及其本质、特点进行深刻评价的过程中，场地分析图的绘制不失为最有效的途径之一。测量师绘制的地形测量图将被带到现场，规划师以自己的符号记下实地观测中得到的补充信息，从而丰富测量的记录内容，描述了在规划中涉及的各种场地状况。

一、工作内容

这一时期的工作内容分为三个方面：

1. 基地资料收集

收集相关技术资料：气象资料、基地地形及现状图、管线资料、城市规划资料。

2. 基地现状分析

将以上进行调查的基地资料内容做充分、详细的考证，并反映到地形图上。

（1）踏勘、测量现场，包含以下内容：

* 基地范围
* 地形
* 气象
* 水体
* 土壤
* 植被
* 道路
* 人工设施

综合以上内容得到如下主要信息：

现有地形标高；

现有场地的主要平面材质分布，包括植被分布；

现有场地的进出口情况；

现有场地的车行道、步行道分布，人流组织情况；

现有场地的建筑布局情况；

四周环境情况，包括与市政交通联系的主要道路名称、宽度、标高点数字以及走向和道路、排水方向，周围机关、单位、居住区的名称、范围以及今后发展状况等。

（2）分析评价基地信息，常见的有：

* 视觉质量分析：环境景观、视阈等；
* 基地范围及环境因素：物质环境、知觉环境、小气候、城市法规
* 现场的视觉质量，最佳视点；
* 积极地与消极地；
* 区域的小气候，有无调整的必要；

（3）反映这些信息的是场地分析图，内容有：

* 基地中的绿化情况怎样，绿化的分布特点；
* 基地的交通组织情况，有何利弊；
* 基地的空间布局特点，重点问题；

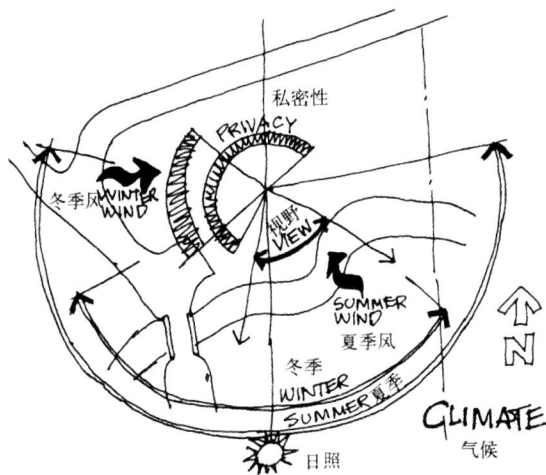

图 1-77

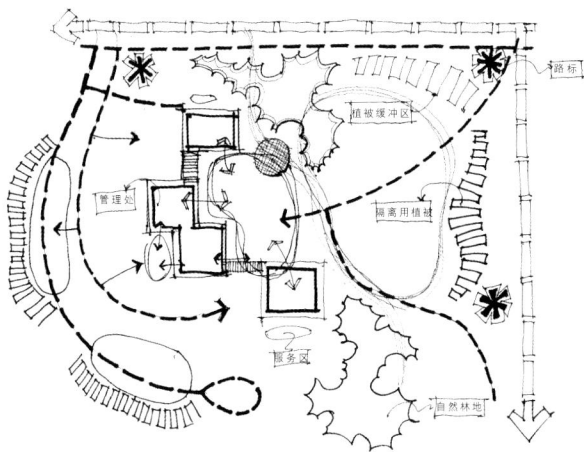

图 1-79

* 基地中对人心理产生直接影响的方面，如噪音、不安全因素等。

3．区域考察

（1）结合图纸，将考察范围从基地扩大到区域上。从区域的背景、尺度、特征和影响四个方面去考察、论证场地在区中所处的位置、意义和价值。

* 基地中常发生的行为、活动；

* 基地在大环境中的作用和影响；

* 基地周边的建筑，与场地有何联系。

（2）交通和用地

周围环境的交通情况，包括主要道路的连接方式、距离，主要道路的交通量。基地周边的道路性质，给基地带来的机遇等等。周围不同的用地性质，如工厂、商业、居住等，从而预计基地的服务半径。

（3）城市发展规划

了解基地所处地区的用地性质、发展方向；邻近用地的状况，包括交通、管线、水系、植被等一系列专项规划的详细情况。

综合以上三方面的内容形成场地评价清单，具体可包含相关表格、文字描述等。

二、工作成果

1．区域图

区域图就是用以表示整个地区基本情况的地图。根据不同的设计意图所绘制的区域图的平面形式也不同。(图1-75)

2．毗邻图

毗邻图是显示环绕研究区域的土地的使用情况的图纸。它通常包括同一个分水区、同一个城区，或者同一个主干道系统环绕的范围。(图1-76)

3．现场信息图

现场信息图是包含用地背景信息的图纸。这些资料通常来自于国土勘测局这样的机构。在景观设计中常用的资料性图纸有土壤图、土地利用图和植物图。(图1-77)

4．用地分析图

在典型的设计过程中，分析图是最重要的图纸类型之一。用地分析图包含了用地的详细资料，它依据不同的设计程序和设计意图，记录下现有的用地情况，并用图形表示出来。(图1-78)

在进行用地分析时，我们根据设计标准对每一块用地数据进行比较、分析和权衡，进而决定它们在解决具体问题时的重要程度。这个排序过程能帮助设计

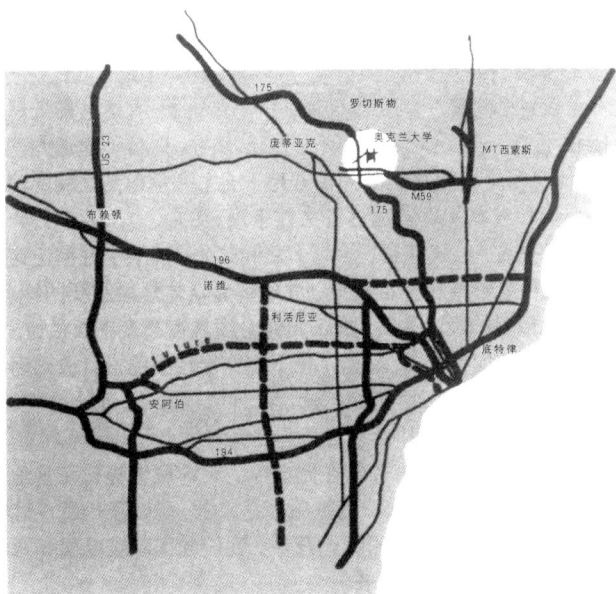

图1-75　区域图

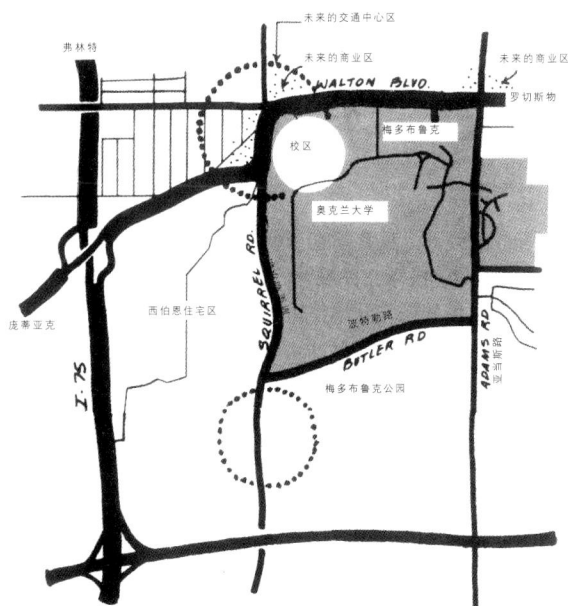

图1-76　毗邻图

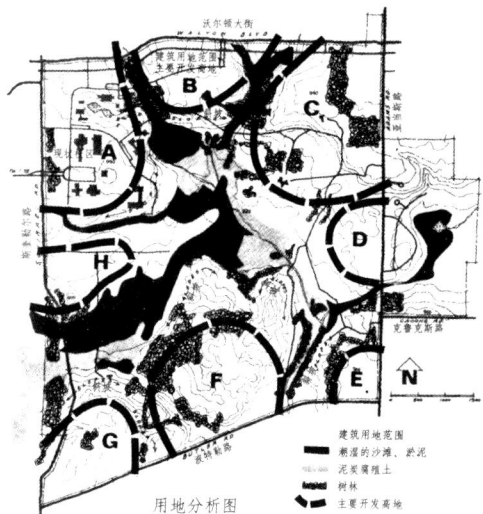

用地分析图

图1-78

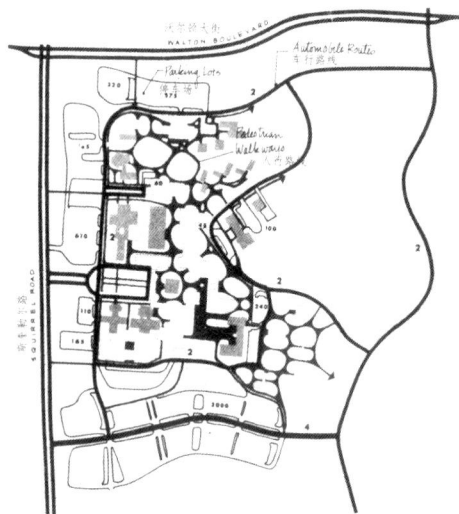

图1-80

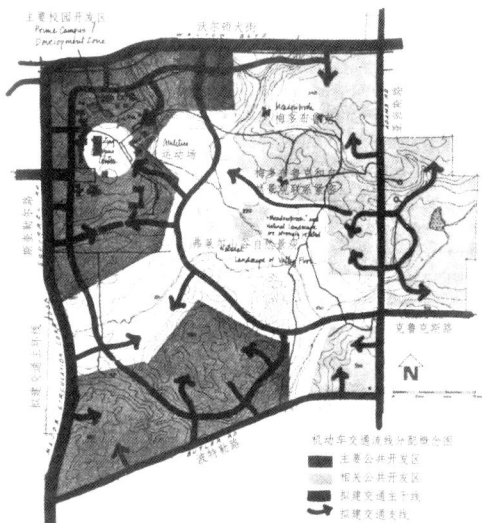

图1-81

者建立决策的层次，从而巧妙地、合理地完成设计，并且对环境因素的变化做出适时的调整。这种区分优先次序的方式可以建立一个决策等级，它能够使设计者明智地、合理地、敏感地对各个环节进行规划。

综合性的土地分析图是对整个分析过程的一个总结性的图纸。它是设计者在充分了解设计要求的基础上，对设计的各种可能性和约束条件的总结。同时，它也是总的设计构思的雏形，甚至涉及某些设计内容如建筑、道路的位置选择。在设计过程的这个特殊阶段，设计的直觉和创造力逐渐凸显出来——它们开始从这些客观的基础数据中寻找设计的灵感。(图1-79，继续深入推敲会得到后面的设计成果——图1-80、图1-81)

附：现场分析图的表示方法

1. 分析图的主要任务是示意，因此，这些图纸通常用彩色的图例来强调信息。

2. 箭头、圆形符号、星形符号可以表示重要的节点和它们之间的联系。(图1-82)

3. 不同颜色的阴影用来表示斜坡的倾斜程度。

4. 大量的注释有助于解析某些资料并将抽象的资料具体化。

5. 结合箭头和线形表达出某种动态的意义，如汽车运行线、行人运行线、路径方向、视线方向、发展程序、物体的运动。(图1-83)

6. 运用不同虚线或实线的变体来表现静态特征的界限，如：功能的界限，边界、围墙等，噪音区域，生态的界限等。(图1-84)

7. 运用非线状符号表达对空间的认识，如使用分区、机能空间，建筑物或结构体，焦点区、结构区、冲突区，活动和运行的点。(图1-85)

8. 用剖面表达对现场某些问题的认识，以弥补平面图在竖向空间关系上的局限。

9. 信息分组结论框架

用图解框图的方法将各种信息多层次地同时传递和接受。探讨事物构成和影响的因素，有助于我们传达出对事物的理解。

焦点区、特别引人注意的点、冲突区

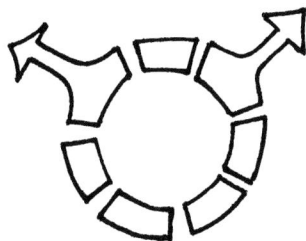

活动或运行的点

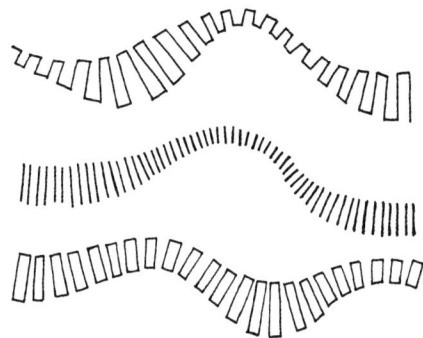

功能的界限：边界、围幕、墙

图1-82　噪音区

生态的界限：森林区、悬岸区

图1-84

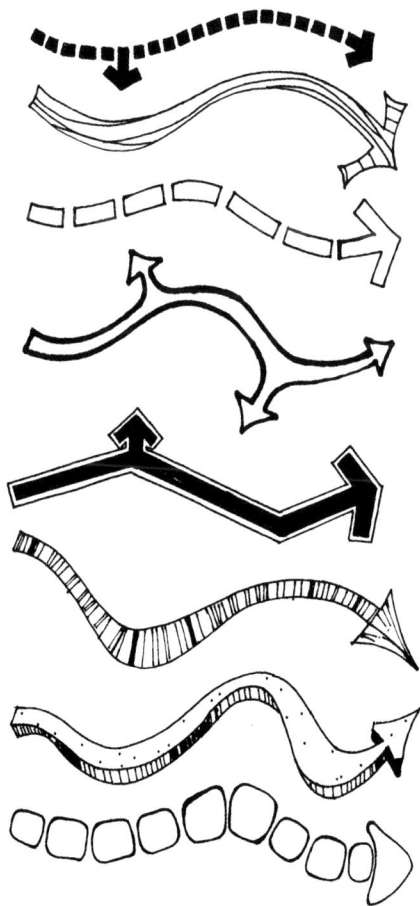

活动区域、使用分区、机能空间

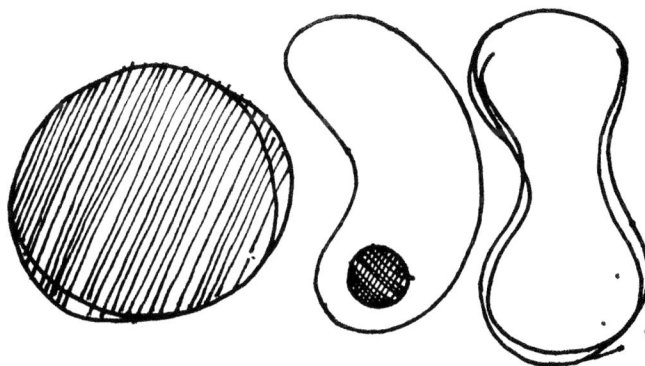

建筑物及结构体

图1-83

图1-85

第二章 发现场地
——概念意象阶段

教学引导

教学重点

本单元从功能、人群、景观、文化四个方面发现场地的价值，找到场地设计的依据，并形成意象概念。这部分内容强调的是对场地设计艺术性的认识，打开整体观察环境的眼睛。场地的社会性也成为教学中很重要的补充内容，目的是打破学生停留在为设计而设计的层面，能考虑到场地设计内在的本质和意义，从更广阔的层面看待设计问题，找到设计的通路。

教学安排

总14学时——理论讲解8学时、背景资料论证4学时、分析讨论2学时。

作业任务

1. 在基地现场考察、分析的基础上，通过对功能、人群、景观、文化四个方面的思考，作出对场地未来形态的设想和勾画，完成作者自身对设计结果的必然性的认识。

2. 从未来可能性方案中寻找可行性，勾勒草图，形成概念设计。

3. 以学生个体为单位，将个人的方案进行全班性的讨论，帮助学生扩展设计的思路。

引言

设计不是在理性的推导和纯粹的逻辑推论之间建立联系而得的，它更多的是"抛"出一种思想，产生一种跳跃，是对未来可能的事情进行构想，通过整体

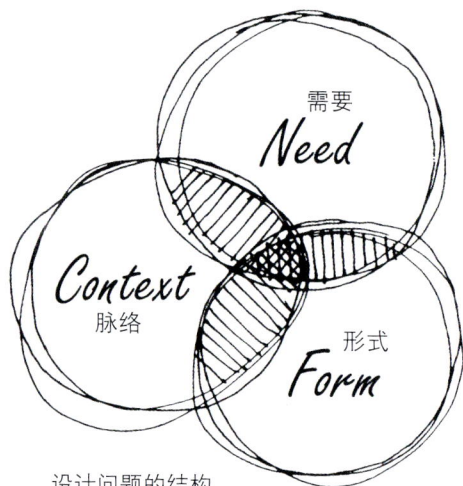

设计问题的结构

图2-1　思考设计问题的方式：设计问题要解决的方面

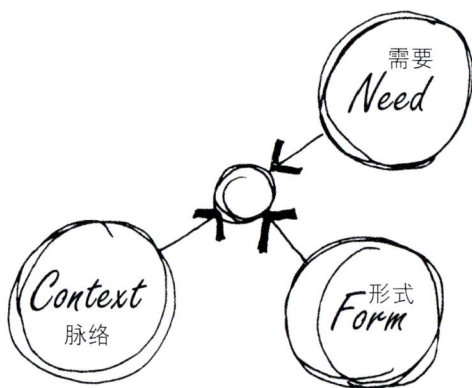

解决设计问题的源泉

图2-2

意象的勾画来克服分歧。(图2-1、图2-2)

"发现"场地的什么？如果我们把场地中的"功能、人群、景观、文化"作为组成其具体内容的必要方面，"发现"就是创作者面对这四方面内心产生的设计倾向。创作者会不由自主地向着其中的某一方面倾斜，从而使之成为创造的主要理由。我们需要在发现的基础上去勾画意象。在一块场地里面我们眼睛看到的就是现有的情况，而意象指的是在心目当中产生的，那个未来的图景。判断和分析不同尺度在生态、文化和经济因素影响下的状况，我们将这一过程称为解析；提出解决方案，我们称其为概念化；评估设计带来的意料中的后果和意料外的后果，即评估阶段；然后用文字和图形来表达设计思想。(图2-3、图2-4)

如果我们说一个设计很好，可以笼统地定义为功能和形式方面。如果只说功能和形式，则显得老套，容易让人理解得比较浅。在这里，分成了四个方面，实际上这四个方面也是对功能和形式的扩展，是为了说清楚设计的形式怎样得来，从何得来；为了更清楚地说明内因和外因、表象和本质的问题。实际上功能和人群基本上是考虑到它的功能需求，而它的景观和文化则更侧重于文化的寻求，以及对形式感的一种寻找。本章将会就这四方面怎样与设计联系在一起进行逐一阐述，并期待在具体工作中能帮助设计者找到设计的通路。

第一节 功能的需要

场景为功能提出了前提条件。同样一个人，把他放在不同的场景里，那么不同场景的功能和场景与人物之间的关系，是完全不同的。那么这个场景和人物之间构成的某种关系里面体现出什么？体现出它的社会性、时间性、空间性还是它的使用性？所以我们面对一个场景的时候，一定要实实在在地去看它的本质，去看它的功能、人群、景观、文化。

在一个空间里当有人出现时，场景就形成了。因为空间中的人，他的目标通常是很明确的。随之就给出了场地的一个基本要素：使用功能。

与场景有关的因素可以作如下划分：

* 人物（和谁一起）；
* 时间（多久）；
* 地点；
* 出场的目的。

场景集社会性、时间性、空间性以及使用性于一体。它们之间相互制约，同时也存在着内在的依赖，这样就产生了一定的全场景。(图2-5)

功能体现了定位最优化的可能性结果。场地的功能组织是场地规划设计中至关重要的部分，它是对人流、车流、货流等诸多活动在空间上的合理安排，是衔接建筑与城市空间的重要环节。(图2-6)

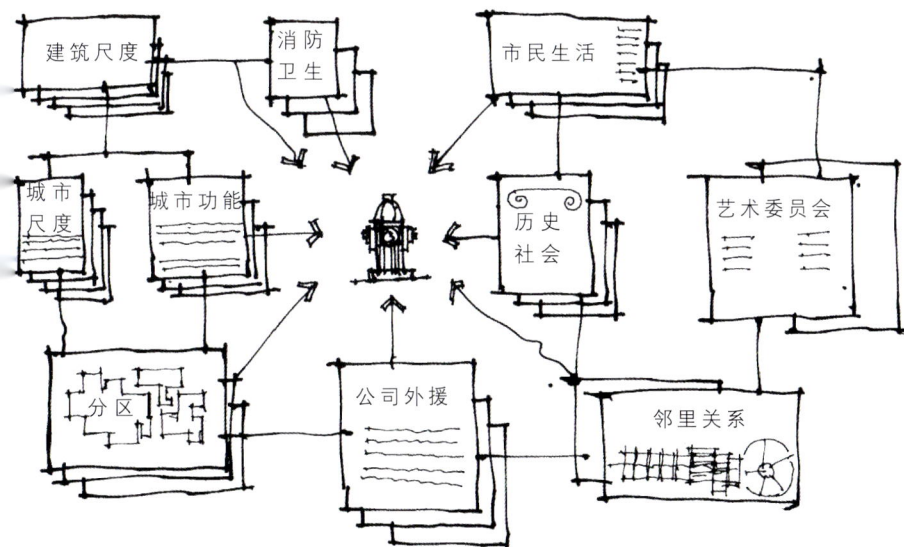

图2-3 设计所包含的思考内容

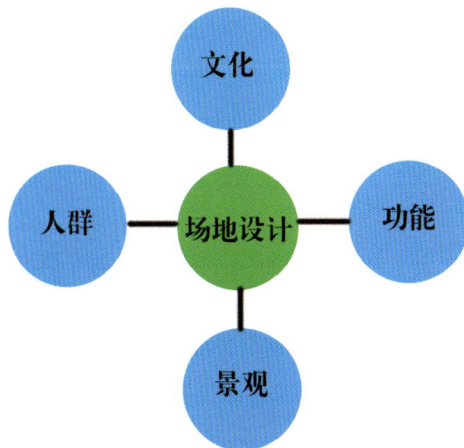

图2-4 场地设计的四个子系统

图2-5 场景的形成

大活动。因此场地的地块性质和用途按照人的城市活动主要分为居住用地、工业用地、公用设施用地、城市绿地四种类型。这些类型体现着城市规划对场地设计的制约。在城市总规划图上就会看到这四种类型的地块的具体分布。

2．项目的性质

项目的性质是一种抽象性的要素，是设计的任务背景，它会渗透到场地设计的方方面面，对设计的整体思路和总体方向有直接的影响，最终会确定场地的基本形态。项目的性质大致分为纪念类项目、商业类项目、文化类项目。(图2-7～图2-9)

这些场地的基本用途所产生的性质使我们在进行场地设计时带着不同的定位和期望，影响着接下来的设计方向。

图2-7 纪念类项目　　图2-8a 商业类项目

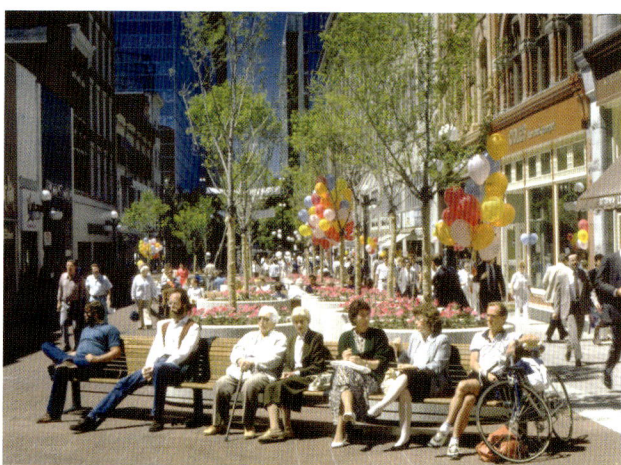

图2-8b 商业类项目

一、确定性质

确定场地功能的内容是规划的第一步，理清场地功能内在的秩序，加强对内容性质的理解。在确定内容时我们一定要根据场景的需要、用途的需要为出发点。

1．地块的性质

1933年国际现代建筑学会所拟订的"城市计划大纲"中将城市活动归结为居住、工作、游憩与交通四

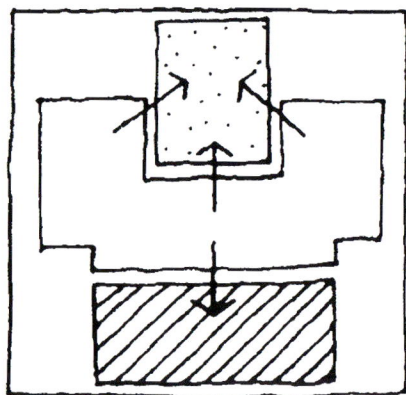

图2-6 场地内外的关系

图2-9a 文化类项目：同济大学校园规划

图2-9b 文化类项目：上海世纪大道

二、确定功能

1. 建筑功能

设计任务中对于建筑内部的形态要求，如对空间的组成及各空间的面积、尺寸等的要求，虽然对建筑物单体设计的影响更为直接，但对于场地设计也有间接的影响。比如说，建筑物内部不同的组成内容及各项内容的不同形态，都会影响建筑物外在的不同表现形态，包括长宽比例、占地大小、集中或分散的形式等都会受到影响；还有因建筑功能的需要所考虑到的人流集散在场地设计中的处理和反映；场地中的景园设施的位置和形态与建筑物内部的呼应等，这些都与场地设计直接相关。

建筑物内部的功能主要有：建筑使用内容的实现，如商用、办公等；由这些使用内容衍生出的附属设施、设备等功能；由这些功能显示出的外部形态特征；由这些外部特征所表现出的建筑整体个性。

图2-10 建筑的功能考虑 ECIL总部海德拉巴大厦 柯里亚设计

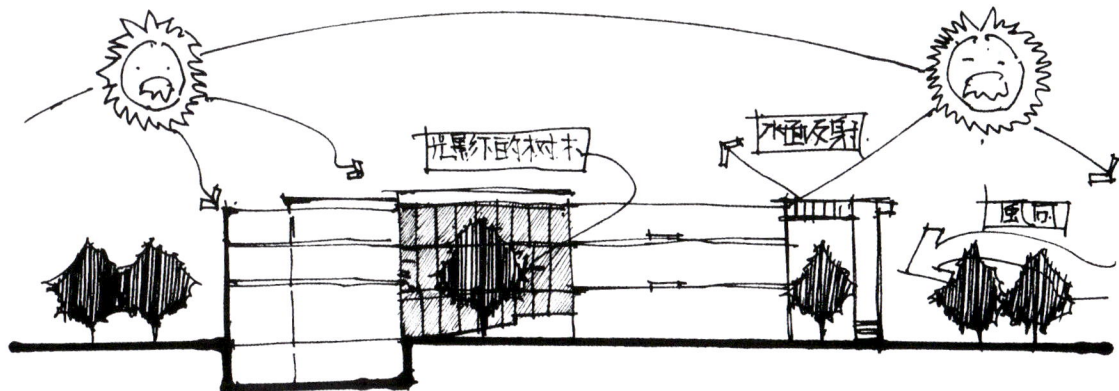
图2-11 ECIL总部海德拉巴大厦剖面分析图

建筑与整个场地结合起来反映出它的功能，对场地的呼应具体表现在：建筑的朝向决定场地的整体面貌（主次、道路等）；建筑的相关设施与环境的交流关系，特别反映在视线、朝向等空间交流方面；建筑功能对环境的竖向影响也是很大的，比如停车场的预留等。(图2-10、图2-11)

2. 场地功能

场地设计除了要解决建筑物布局问题外，其他问题的解决都是围绕这些建筑物之外的内容来进行的。

直接功能：诸如根据场地功能来安排的游泳池、运动场、室外展览场、露天设施等。这类功能在设计要求中都有明确的说明，它们的规模、数量、尺寸、比例、面积等都有特定的要求。并且这一类功能有内在的规定，是比较固定的，限定性较强。场地设计主要完成它们的技术要求设计和它们与其他内容之间的关系设计。(图2-12)

间接功能：为了直接功能而产生的辅助设施，如人流集散广场、停车场、休息庭园、景观设施等。这一类的功能内容在设计要求中一般不会明确说明，其自身也没有严格的技术要求，是弹性和变化的。但并不意味着随意地处理，而是要根据它们与其他连带内容之间的匹配关系，来确定其面积、尺寸、比例、形式等最终的形态。(图2-13)

3. 场地与建筑的统一

通过建筑或其他规划要素的分散使场地的景观特征更为明确。建筑风格化的处理直接表达出场地的用地性质。使用者对建筑的辨识可以直接成为辨识场地的主要依据。因此，建筑的设计与定位也是场地设计重要的组成部分。(图2-18)

A. 平面的形态和竖向形态都是体现建筑与场地统一的重要方面，卫星式规划、散弹式规划、指状式规划、棋盘式规划、带状式规划和爆炸式规划都是典型的范例。(图2-14)

B. 对场地功能的组织和分析，统筹安排场地的形态关系。(图2-15、图2-16)

C. 利用公共区域使场地与建筑加深联系，如利用天井、阶梯、庭院等作用让场地更具备独立的品质。(图2-17)

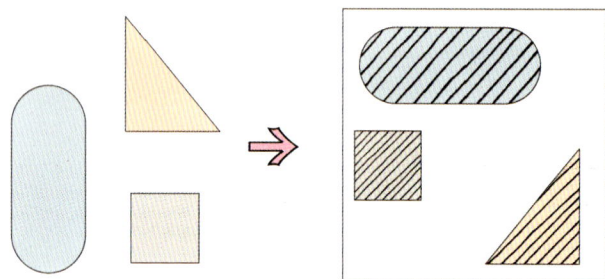

建筑物外部内容直接参与场地构成

图2-12a 场地的直接功能

图例说明

公益行政用地
商业用地
休闲区域
居住用地

图2-12b 场地的直接功能的运用案例：城市商业广场综合体的场地规划 韦爽真设计

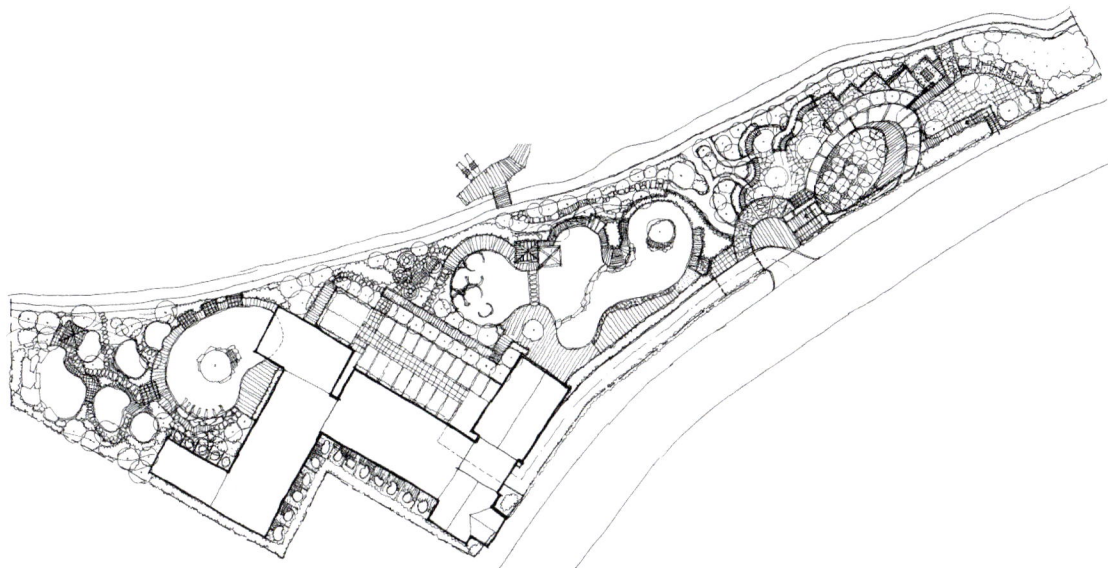

图2-13　用场地功能的组织和分析统筹安排场地形态关系的案例：某温泉度假村场地设计　李昌涛设计

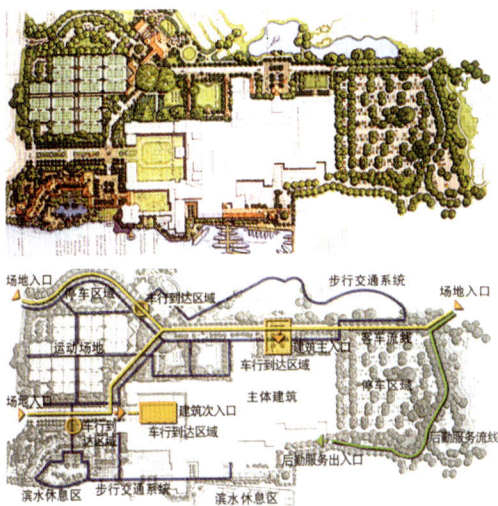

图2-14　场地的间接功能运用实例

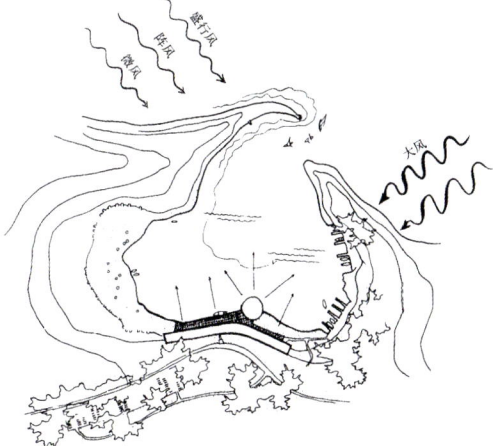

图2-16　考虑场地与建筑功能的统一

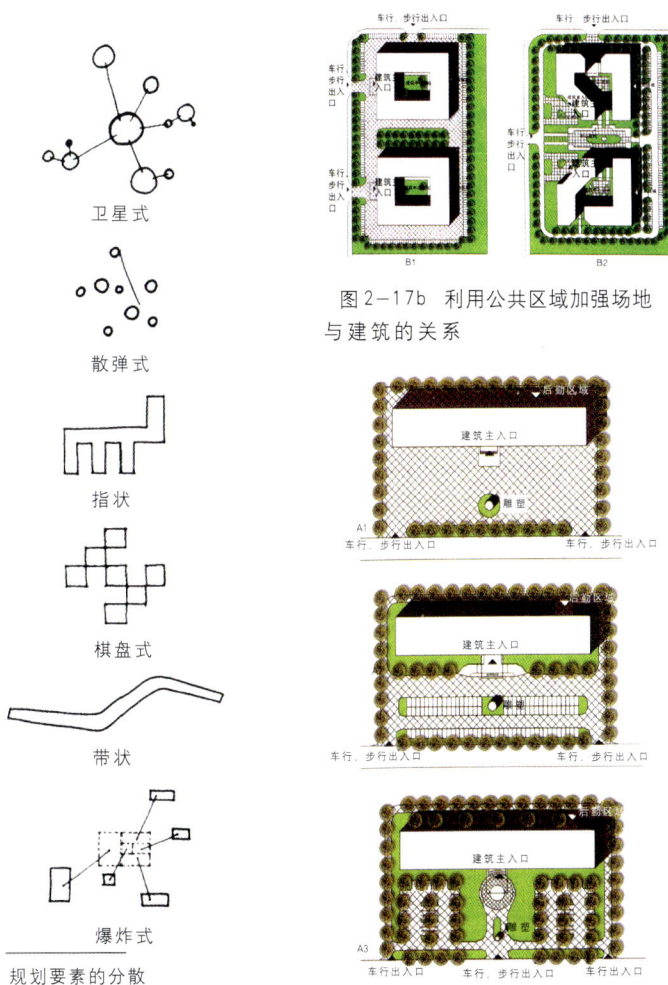

卫星式

散弹式

指状

棋盘式

带状

爆炸式

规划要素的分散

图2-15　根据场地的性质所产生的各种场地形态

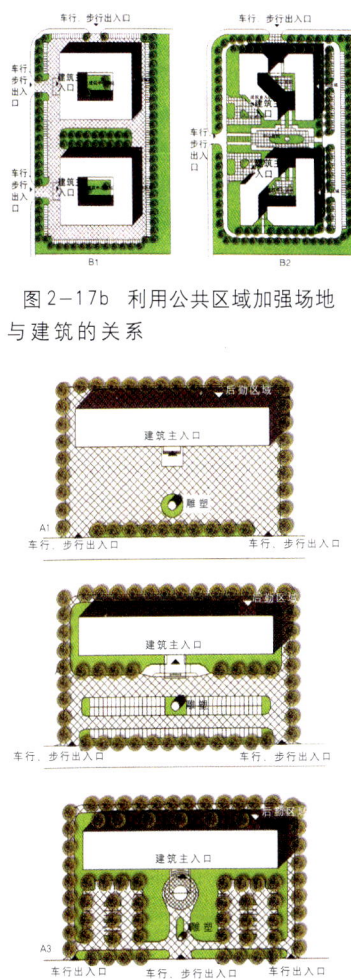

图2-17b　利用公共区域加强场地与建筑的关系

图2-17a　利用公共区域加强场地与建筑的关系

图 2-18　建筑的风格对场地性质的反映：宜兰县立文化中心演艺厅，中国台湾　张圣琳　刘可强

第二节　人群的需要

人群的需求是景观场地设计重要的出发点与审视点。国际上的人居环境设计已经从早期单纯强调朝向转而对系统性、愉悦性、适宜的尺度的环境创造，对环境的多样化、个性化的需求成为决定场地设计质量的重要筹码。

人物的出场，给出了社会的定位框架，这一框架培植了人的意图，并给出当时场景里用于认识、评判和处理的一些特定提示。尤其是人们通过视觉联系，使环境中各个事物在人们的目光接触中产生了一种深层的联系，这一联系以邻近空间范畴为前提，并且允许一定尺度的差异，即公差范围。(图 2-19)

在低水平的公共空间中，只有必要性活动发生；而在高质量的公共空间中，更多的可选择性 (社会性)活动也趋向于发生。

人类社会面临着许多社会、经济、政治及环境的机遇与问题。而景观是社会与环境关联的界面，因此景观规划要解决涉及人类与自然相互关系的问题。

一、心理

1. 安全

美国著名的人本主义心理学家 A. 马斯洛在《人的动机理论》中，将人的需求分为五个层次：即生理的需求、安全的需求、社交的需求、尊重的需求和自我实现的需求。人的心理需要的首位就是安全，它体现在场地的景观设计中就是空间尺度的安全性。马斯洛的"需求层次论"告诉我们，居民对安全的需求仅次于对空气、阳光、吃饭、睡觉等基本生理需求，是人类求得生存的第二位基本需求。

安全的设计包含了如下的特点：

场所是符合环境功能的设计，让使用者对其产生熟悉感、亲切感；

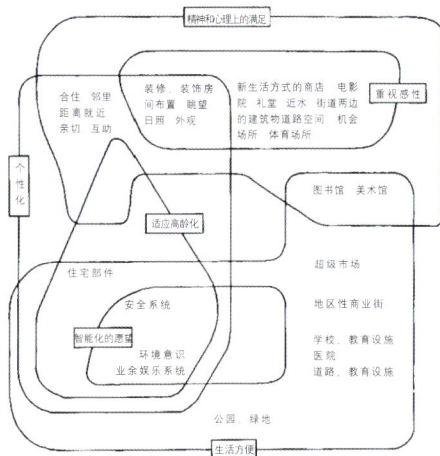

图 2-19　环境设计需求图

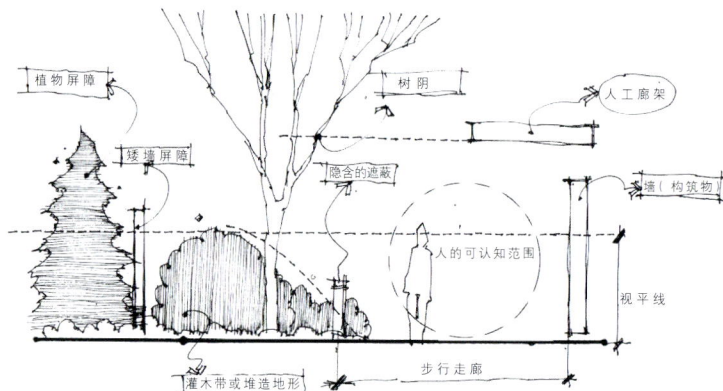

图 2-20　人对环境的围护需求反映出安全的心理

场所的尺度是适宜的，不会给使用者带来局促感；

场所的界面关系是柔和的，让植物、建筑、人各自找到归属，特别是在需要的时候给使用人群找到庇护场所；

场地的地面设施适合人的步行体验，并且能防止任何跌倒、碰撞的危险；

场地中出现的景物都恰当地控制在让视线感到舒适的范围。（图2-20）

2．领域感

"领域"的概念最早来自个体生态学，是针对其他组成成员的受保护区域。心理学及社会学的研究表明，领域空间是个人或一部分人所控制或使用或管理的空间范围。当领域空间被侵犯时，空间的拥有者将会作出相应的防卫反应。人的领域感是一种本能的行为，受到个体所处文化背景的影响。

领域空间是有一定功能的，人离不开社会，需要参加社会文化活动和社会交往，这是人们精神上和心理上必不可少的需求。领域空间能加强居民的安全感，提高住宅的防卫能力，还可保证居民对不同层次私密性的要求。领域空间分领有、半私有领有、半公共领有、公共领有四个层次。人们通常是自觉不自觉、直接地或间接地按照空间领有意识的层次来使用户外空间，他们对各层次的领有空间的使用是根据活动的类型及性质来选择的。（图2-21、图2-22）

尺度过大的空间使人疏远，产生不安、恐惧感；太过紧密的尺度又产生局促、烦躁的心理负担。在这方面，我们要切实考虑场地人员的数量、各个时段的用途并加以分析，得到把握场地空间的人性化尺度。高密度环境会带来压力，有心理上的也有生理上的影响。高密度环境让人产生拥挤感、紧迫感，在场所中应选择回避、放弃以消除被动、消极、负面的结果。人

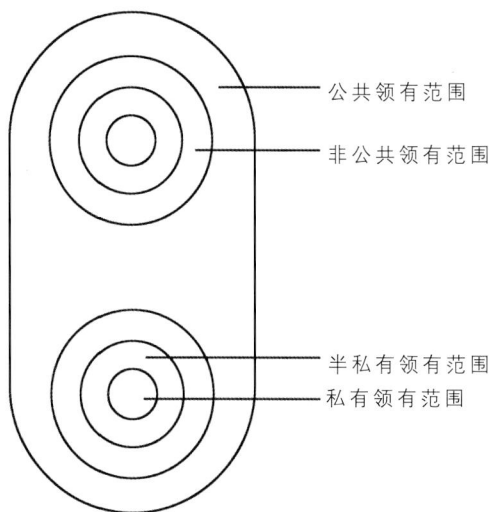

公共领有范围

非公共领有范围

半私有领有范围

私有领有范围

图2-22　领域感产生出不同层次的空间范围

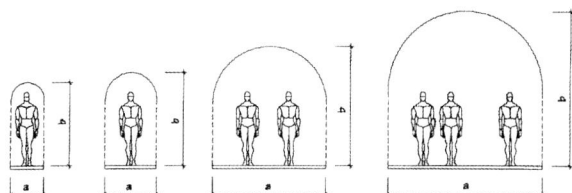

图2-21　人对领域感有不自觉的潜在需求

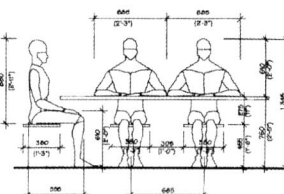

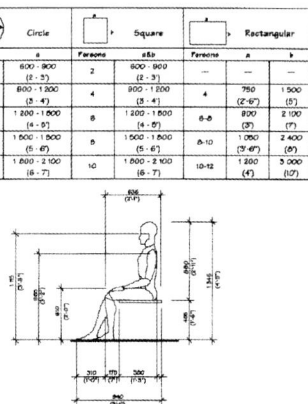

图2-23　设计中对人体尺度的考虑

们希望保留私密性，私密性是一个能动的过程，能改变与别人的接近程度。人们控制自己与别人的接触与沟通，使私密性成为一个界限的控制过程，以保持情感得以宣泄。（图2-23）

场地设计的人性化影响着场地的吸引力，其中，建立人性化的尺度尤为重要。人性化尺度是指环境的尺寸与人的尺寸形成适宜的比值。适合人性化尺度的环境使人产生清晰、明确、适宜之感。这些感受反映出人对环境的安全、友好、舒适等方面的要求，使人与这个环境建立良好的联系。

场所中产生的丰富多彩的信息让我们有各种感受，我们要有能控制这些感受强弱的能力。领域性通过场所这一实质媒介使个人和群体得以显示个性和价值观，通过在领域中产生的认同感，人们都乐意表达出个人的个性和特色。

从领域性的心理特征考虑，场地设计要多考虑边界和场地的尺度适宜性，规划出适合不同要求的尺度范围，以满足人们的领域性心理。

领域划分就是限定空间，即将场地环境按空间领域性质分出层次，形成一种由外向内、由表及里，或由动到静、由公共到私密的空间领域序列的划分。我们可通过空间的分隔、开敞、围合、地平高差和地面铺装材料的变化等多种方法来实现。

"公共"和"私有"的概念在空间范畴内可以用"集体的"（Collective）和"个体的"（Individual）这两个术语来表达。换一种更为确切的说法，可以认为：

公共的是指对于任何一个人在任何时间内均可进入的场所；而对它的维持由集体负责。

私密的是指由一小群体或一个人决定可否进入的场所，并由其负责对它的维持。

私有与公共之间的这一极端对立亦如集体的与个体的对立，就如人们认为的一般与特殊、主观与客观之间的对立一样界线比较模糊和灵活，但我们可以不断地借助观察生活、体验场地中的人际关系来加以确认和定位。（图2-24）

3. 识别性

一个能让人识别的场地，是有一定的形状、特征，惹人注意的。对这种环境的感知不仅是简化的而且是有广度和深度的。它将是各具特征的，各个部分结合明确而且连续统一的，在任何时候都能让人理解

和感知。（图2-25）

通过建筑平面图上不同区域的各种标识，我们可以获得一种显示"领域差别"的地图。这张地图将清楚地显示建筑中存在的不同程度的可进入性；哪些特定范围具有何种领域主张，而这种领域主张是由哪一

图2-24 对公共领域参与的需要

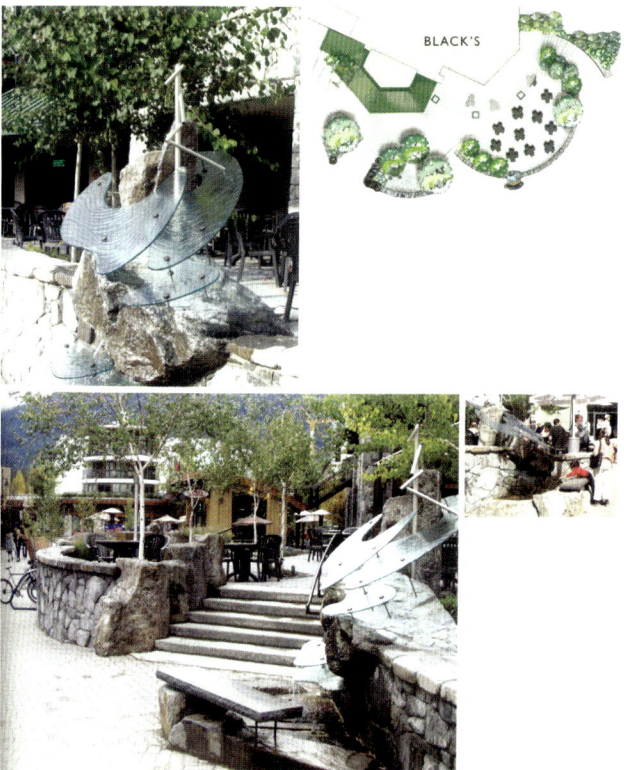

图2-25 场地的识别性案例：局部处理的显著特征

个提出的。

　　场地设计的结果应具有综合性、选择性、差异性和直觉性的特点，复杂性和独特性是环境体验不可或缺的方面。在城市环境中，差异性来自于对自然特色与社会特色等多样性的体验，这些都加强着群体的认同感、归属感、场所感，从而加强了群体在社会文化方面的凝聚力。（图2—26、图2—27）

二、行为

　　要理解人的行为，必须先了解人在活动着的整个心理场(psychological field)或者生活空间(lifespace)。我们可以把设计项目中的场地设计师的工作性质理解为电影摄制中的"导演"，"演员"的上场在其心中要有一定的安排。（图2—28）

　　位于纽约心脏地区的洛克菲勒广场，在冬天就像是一个"城市起居室"，成为来自各处的人们临时性的滑冰场，滑冰的人们向旁观者显示着他们的滑冰技艺。而有时尽管广场里并没有什么事情在进行，过路

图2—27　基于营造商业场所感的场地设计

图2—28　洛克菲勒广场的冬天场景：对行为发生留出设计余地

的人们仍可以产生集中的感觉。一种你可能在剧院、教堂或在其他一些人们集中的地方所感受到的感觉，而这种感觉的产生，部分应归功于建筑师创造的空间条件。

　　一个设计师这样描述他的设计思路："我们将购物活动转变为与人的感受相关的一种经历，人们之所以前来是因为这是一种社交场所。"这种理念是非常符合场地设计的内在规律的，反映出设计师的主观意识在设计中的作用。

图2—26　场地的识别性案例：运用符号特征的设计

1．行为与习惯（图2-29）

人的常见习惯如：

左侧通行；

抄近路；

十字口停留；

视线向外；

躲避本能；

向光本能。

……

我们以步行作为例子分析，在步行中，人们通常不自觉地在体验着：

方向感：景观中的视觉暗示帮助人们在大范围的环境背景中发现并决定前进方向。

流通性：从一个目的地到另一个目的地的相对轻松的程度。

舒适性：步行道所提供的各种自然和文化方面舒适性之间的联系，包括人类活动的自身魅力。

这样的研究非常细腻，设计师要以使用者的身份切身体验、认真斟酌，使得设计成为能经得起推敲的结果。(图2-30)

2．行为的类型

人在公共场所中的活动归纳为三类：必要性活动是指那些多少有些强制性的活动，例如上学、上班、购物、等公共汽车；可选择性活动指的是如果时间和场所允许而且天气和环境是适宜的话，自愿发生的活动，例如散步、停下来喝咖啡等；社会性活动指的是人们出现在或运动于同一时空中直接而即时的结果，也可以理解为那些依赖于公共空间中其他人存在的活动，例如向人问候和交谈、集体活动，甚至被动地观望他人的行为。

因此，这些行为活动要求场所设计必须有包容性，即景观能够被使用和被设计以用来满足不同的人和不同的活动。协调不同的使用功能、行为需求，创造环境的亲和性乃是景观中很微妙、细腻的工作。人在空间中的行为是非常丰富的，不同的人（儿童、成年人、老人、男人、女人）、不同文化背景、不同的心理特征使他们以自己独特的方式来体验景观。

我们以儿童的行为特征为例，对儿童的行为特点研究而产生的场地设计原则有：(图2-31)

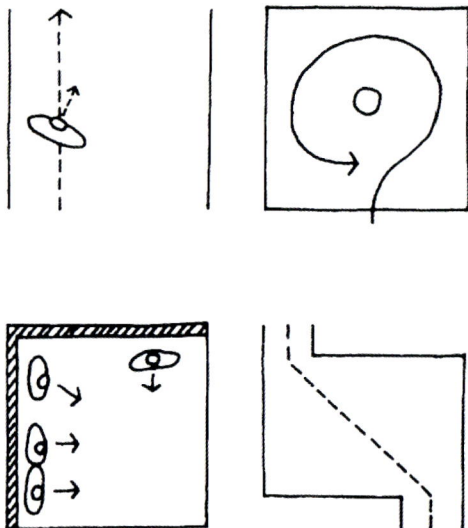

图2-29　人的行为习性

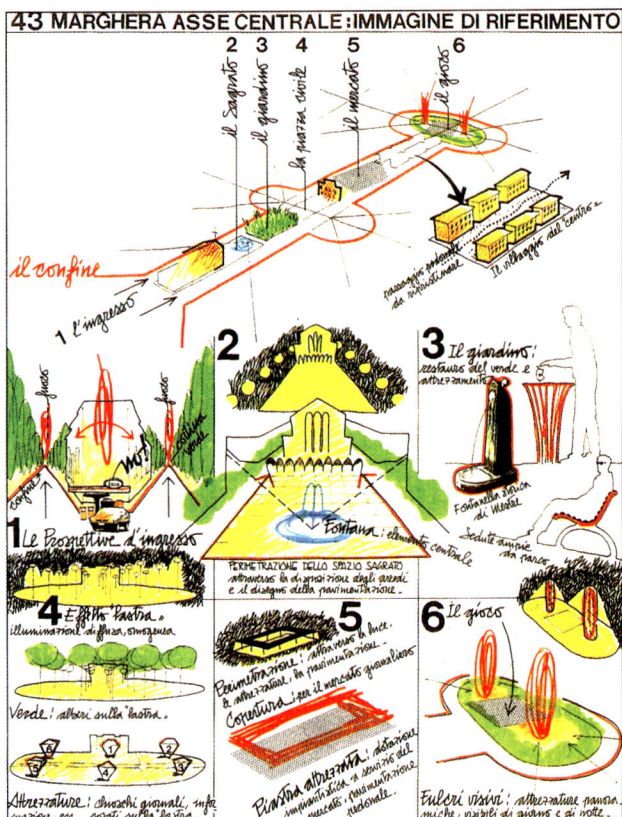

图2-30　根据对步行行为的分析来组织空间的案例

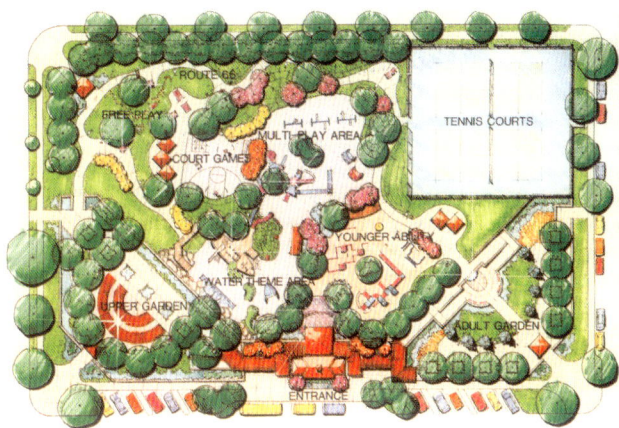

图2-31 给予对儿童行为分析的案例

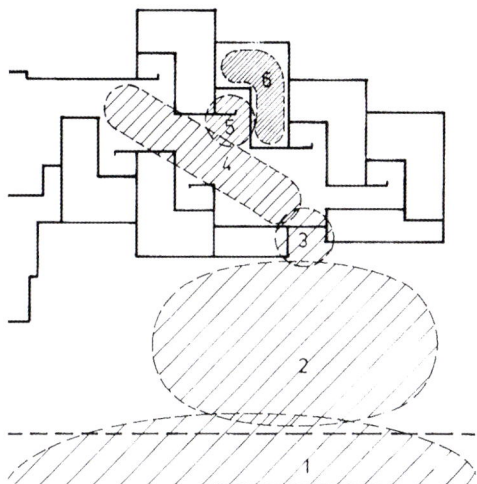

图2-32 空间形态随着功能变化

* 它（指场地）必须是可循环的；
* 它必须是安全且具有丰富体验的；
* 它必须是容易辨识和可记忆的；
* 它必须是提供可体验的、能发生故事的地方；
* 它必须包含大的和小的两种聚集方式的场所；
* 整个系统需拥有一个通风透气的组织结构。

可见，设计中对主体人群行为的剖析和研究所制定的设计原则被赋予了非常实在的内容。

第三节 景观的需要

一、空间

空间基本上是由一个物体同感知它的人之间产生的相互关系所形成的。建筑是人工构造的空间环境，是绚丽多姿的人类活动借以展开的舞台。建筑与建筑实体的组合，并不简单地等于两栋建筑的相加，它们构成了另一种功能——户外空间。建筑组群为了各种功能的需要有意识地分割或围合，组成不同大小、形状、特征、色彩的空间。（图2-32）

在此着重讨论外部空间，即建筑组群与其环境中的物体构成的空间。这种空间或场所是"空"或"虚无"的，人们在其中生活不易感到它的存在价值。然而正是这个虚无的空间，包容着人们，给人们的生活带来安定与欢娱。

作为构成城市体系的要素，建筑和周围自由的空间也是一个空间体系。建筑和它的自由空间在一定的

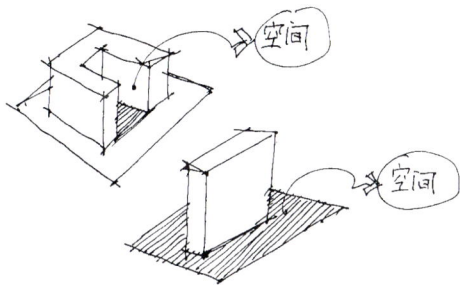

图2-33 场地中空间的所指

场景里作为一个较大统一体的组成部分，内在关系提出了系统对建筑的要求，并尽可能使之明确化（内在联系必须一起考虑）。密集的、开放的建筑布局构成建筑周围的区域，形成一个幽静的地方，并考虑和生态的衔接，以及与开放地形的融合。

场地设计中考虑空间的首要前提就是要找到符合场地性质的空间特性。如果我们要为每一个不断变化的用途列出其理想空间所必需的东西，我们会惊讶于所想象到的空间特征的多样性，惊奇于这些特征所能

被定义的精确程度。一个喧闹的儿童游戏场、一个充满强烈对比的空间和一个私人的室外餐饮空间，它们体现的亲切的尺度、宁静愉快的氛围之间的差异是非常巨大的。换言之，我们对空间特性的准确定位也会带来准确的形式创造。（图2-33、图2-34）

1.空间形态

（1）空间的三要素

"地"、"顶"、"墙"是构成空间的三大要素，地是空间的起点、基础；墙因地而立，或划分空间，或围合空间；顶是为了遮挡而设。地与顶是空间上下水平的界面，墙是空间的垂直界面。（图3-35）

（2）空间的类型

空间按照其性质来划分类型的话，可以分为开敞空间、定向开放型空间、直线型空间和组合型空间。

空间的性质通常是指空间围合的程度，它是开放的还是封闭的，它给人的心理感受是私密向内的还是开敞向外的。

设计中，对空间性质的把握和理解非常重要，它决定着设计手法的调度和分配，并且涉及许多界面上的处理问题。设计语言的应用决不是盲目进行的，在决定场所中大大小小空间性质的时候，才能更深入地

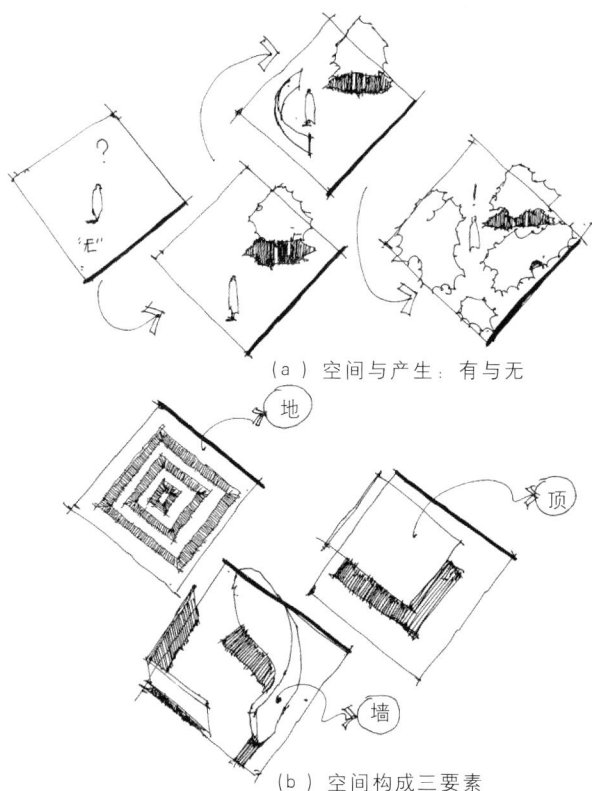

（a）空间与产生：有与无

（b）空间构成三要素

图2-35 空间的产生和构成要素

探索设计语言应用的问题。这也是场地设计教学中要不断强调的空间秩序问题。下面一一阐述空间的四种基本类型：

开敞空间：这是一种具有自聚性的、内向型的由建筑物围合而成的空间。它犹如"磁铁"一般，吸引着人们在此聚集和活动。居民在这样的空间内活动，受外界影响较小。若希望得到最强封闭感的空间，则必须使视线不易透过，或将空间空隙减少到最低程度。当一个中心开敞的空间的各个角落张开，相邻两建筑物呈90°时，空间的视线和通透感就会从敞开的角落溢出；如果建筑为转角式，则弯曲的转角会使视线滞留在围合内，从而增强空间的围合感。同时，为增加开敞空间的"空旷度"，突出空间的特性，切勿将树木或其他景物布置在空间中心，而应置于空间的边缘，以免产生阻塞。（图2-36）

定向开放空间：这是一种具有极强方向性的空间，由建筑组群三面围合，一面开敞构成，此种空间多借用外界优美的景观。（图2-37）

直线型空间：直线型空间呈长条、狭窄状，在一端或两端开口。这种空间，沿两侧不宜放置突出的景

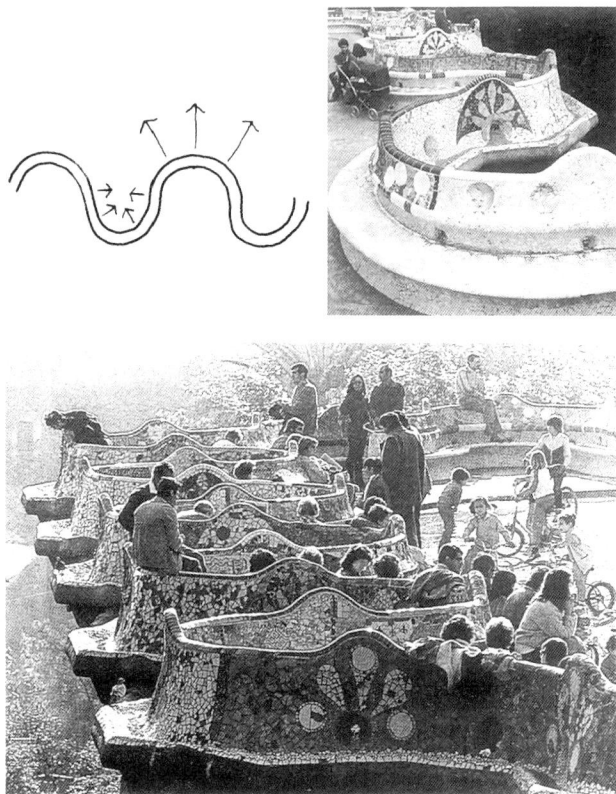

图2-34 空间与人群行为的相互契合

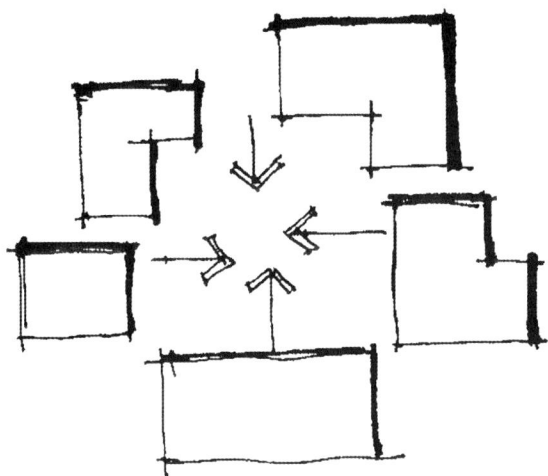

图 2-36 开放空间内聚性

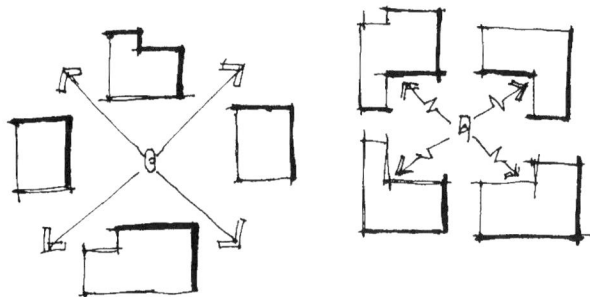

图 2-37 定向开放空间

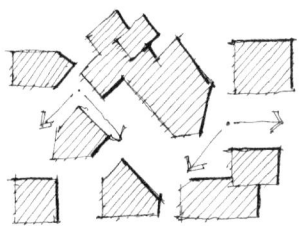

物，可将人们的注意力引向地面标志上，或引向一座雕塑、一座有特色的建筑物上。（图 2-38）

组合型空间：是由建筑物构成的混合空间。这种空间多转折，各串联的空间时隐时现。在这种空间中，行人视野随着空间的方向、大小、景物不断变化，其空间效果犹如造园艺术的"步移景异"。（图 2-39）

另外，加之空间围合程度的变化，使得空间的边上、周围产生很多的空间形态，但是设计师心目当中想得到的是中间那块空地的设计感受，这也是景观设计中很美妙的地方。在景观设计实施阶段，实际上也是对这个空间进行设计。（图 2-40）

（3）空间的渗透

空间的渗透与联系和空间的分割是相辅相成的。单纯分割而没有渗透和联系的空间令人局促和压抑。具有渗透感的空间通过向相邻空间的扩散、延伸，能产生层次的变化，扩大景观外延，增强意境的动态感和深远感。

利用地形：凸地形可以成为观景之地也可以成为造景之地；凹地形聚集视线，空间呈积聚性。它们的

图 2-39 组合型空间　　　图 2-38 直线型空间　　　图 2-40 空间的围合程度

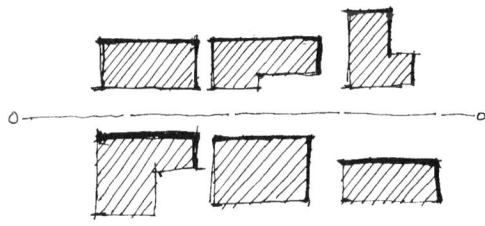

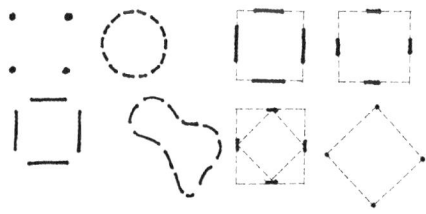

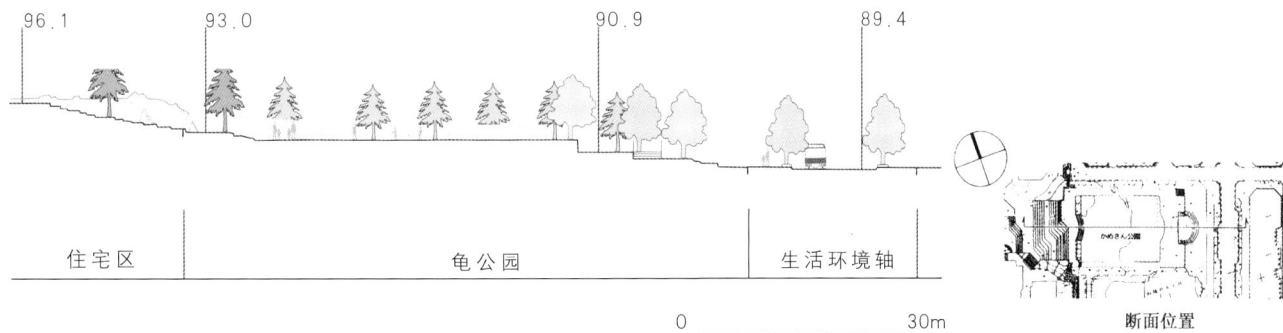

| 96.1 | | 93.0 | | 90.9 | | 89.4 |
| 住宅区 | | 龟公园 | | 生活环境轴 | | |

0　　　　　　　30m

断面位置

图 2-41 场地空间的地形利用案例：日本某山地公园设计

坡面都可以作为景物的背景，通过视距可控制景物和作为背景的地形之间良好的构图关系。具有一定高度的地形可以用来阻挡视线、屏蔽人的行为、阻隔噪音和寒风等。地形的"挡"与"引"应尽量利用现状地形，使视线按照设计师的意图分配落点。（图2-41）

利用水体：用水面限定空间、划分空间有一种自然成型的感觉，使得人们的行为和视线不知不觉地在一种亲切的气氛下得到控制。由于水面只是平面上的限定，能保障视觉上的连续性和渗透性。并且，可通过水面的行为限制和视觉渗透作用来控制视距，获得理想中的构图，也可利用水面的强迫视距作用达到突出或渲染景物的效果。（图2-42）

另外，我们还可以利用物体在水面上的倒影来丰富视觉体验。视点、景物和水面的关系见图2-43。

利用植物：植物在视线的控制中可以增强空间感，提高视觉和空间序列的质量。植物的视觉利用有引导和遮挡两种情况。但根据不同的程度会产生出丰富的视觉效果，也隐藏着设计师高超、巧妙的设计手段。（图2-44）

2．空间序列

严格地说，序列感是一个空间的组织问题，但空间的序列也会影响到整个场地的秩序感。人在场地中的行为是以运动为主要表现方式，人们在相似的地带中长时间行走会感到疲倦。多样性的游览秩序和游览事件的穿插使得环境序列感的组织性加强。

（1）连续感

连续感的空间联系是指几个空间之间的构成关系是平行的、并列的，设计师对待它们的态度是对等的。这种空间形态往往出现在线型空间中，如廊道、街道等，或者是由路径将面积上大小不同但在性质上统一的空间串联起来。（图2-45）

（2）节奏感

节奏感的空间联系是有"强调意识"的空间联系。空间的布局不是平行的、对等的，而是主次分明的。设计师根据景观的需要有意识地组织空间向着一定的节奏性发展，目的是为景观环境中的游览景观营造出多种变化线路。（图2-46）

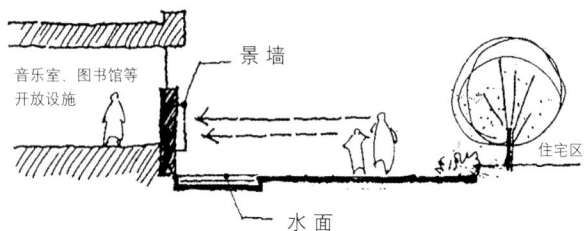
图2-42 空间的水体利用

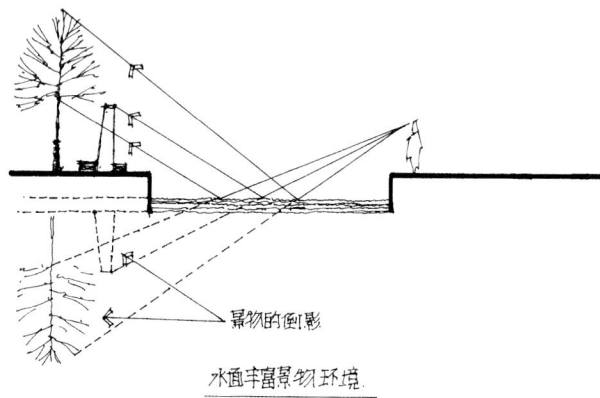
图2-43 视点、景物和水面的关系

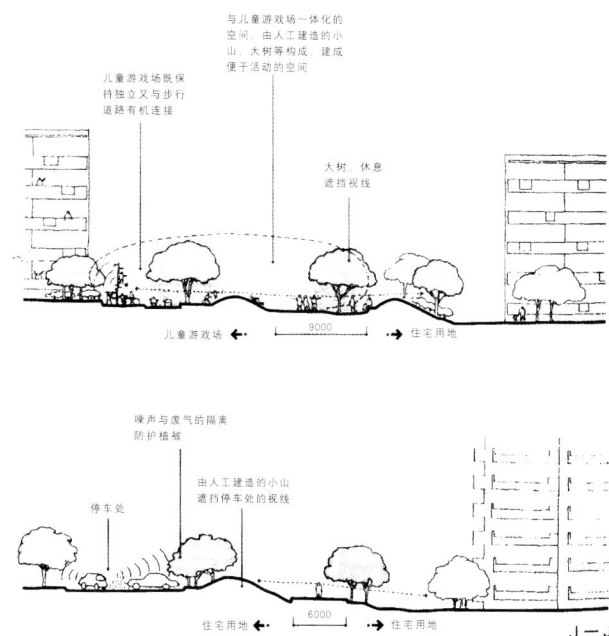
图2-44 空间的植物利用

图2-45 空间序列的连续感

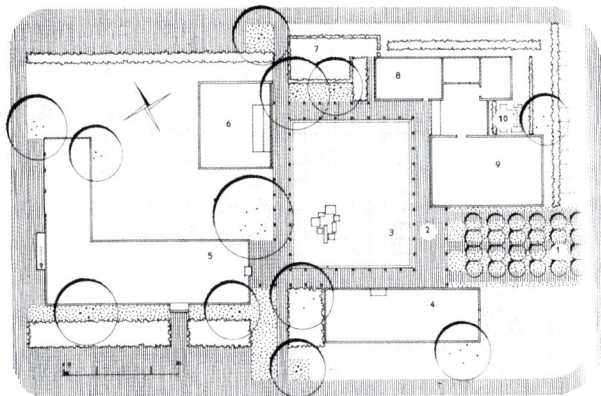

图2-46 空间序列的节奏感:同一形状反复使用

图2-47 动静在场地分割时的运用

图2-48 芬兰景观设计擅长对空间的阴影进行虚实处理

（3）动静感

静态观赏空间的选择多在人流相对集中和视野比较开阔的地方，如主入口的中心绿地、广场，主路的交汇点等处。静态观赏空间的建立既要有良好的对景、框景和背景，还要有供观赏主景的休息场所。设计中要注意景物的造型，做到与周围环境的和谐统一。

动态观赏空间设计要着重研究居民活动过程中产生的景观效果，要考虑视点和运动相结合，所有景物都处于相对位移状态。设计者应将各个景点连贯起来，成为完整的空间序列。

动态观赏空间设计中要加强趣味性和生动性的创造。花架、圆路、小桥、铺装等均要求具有导向性，可利用它们方向的变化、平面的曲折和竖向的错落变化来求得景观和空间的创意。（图2-47）

（4）虚实感

虚实对比是一对很美的空间序列关系。北欧的景观设计师擅长于将古典园林中的虚实对比的设计手法运用于现代景观设计之中。虚实关系能很好地彰显场地设计中视觉的开合关系，使空间产生微妙的变化（图2-48）

3. 空间叙事

景观设计学科有一个建筑、规划、室内设计几乎没有的特点，那就是它必须完成对空间的叙述，这就是我们常说的景观的叙事性。

人们在场地中的体验是非常丰富的，为了突出场地的场所感，也为了表达场地的形式意味，设计学中的语言功能在此就发挥出重要的作用。设计师如果能巧妙地运用语言学、符号的技巧，就能为场地增添许多情趣。

顾名思义，景观叙事指的是在景观中的故事，这个部分在景观场地设计中侧重于景观的文学特征。它继承了古典园林在游览、体验方面的形式，为丰富景观的立体思维形象提供了重要的依据。借鉴前人的经验，我们总结了以下几个方面的内容：（图2-49a）

顺序：故事的发展是有时间次序的，它和空间系列结合，引导着景观空间向前展开。（图2-49b）

名字：除了"东坡赤壁"，好多地名也在讲述着故事，比如"二里沟"，就包含着此处历史上的地貌、旧日的城墙以及京城与本地的联系等。（图2-50）

隐藏与揭示：园林中的抑景，进口的假山，都是隐藏的代表，然后就是揭示，如"桃花源"中对景观游路的设计。（图2-51）

二、构图

1. 风景构图

（1）景观视轴

为了梳理场景中各节点的关系，在平面构图中经常引入视轴，用景观视轴的方式统领整个场地的景观和交通。在这样的景观视轴中，通常体现了景观构图在平面上的美感。（图2-52～图2-54）

（2）场地系统架构

景观场地的系统架构在整个场地规划中是很重要的一部分，它通常产生于对场地功能的充分理解之后。每一部分内容采取的景观手段，在景观的架构体系中将会有不同层次的表现。我们一定要充分认识到整体性、系统性在构图中的体现。（图2-55、图2-56）

（3）框景、对景与漏景

框景：利用植物或构筑物来遮挡不佳的部分，利用植物及人工构筑的轮廓线将视线吸引到较优美的景色上来，使人的视线可收可放，是一种引导或有意组织空间的常用手法。（图2-57）

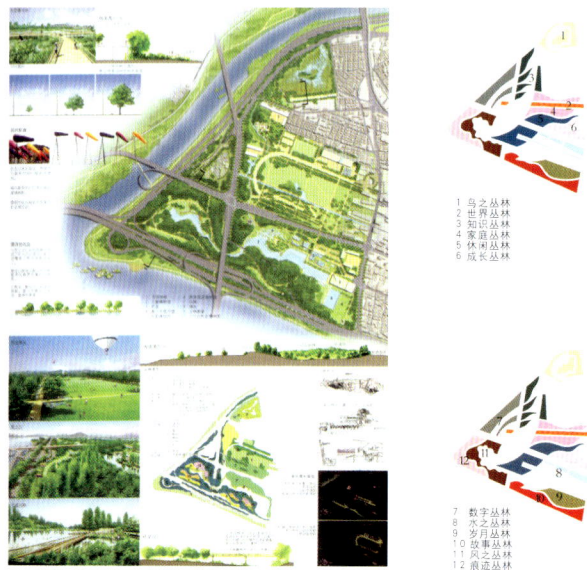
图2-49b　景观中各个叙事空间的衔接案例

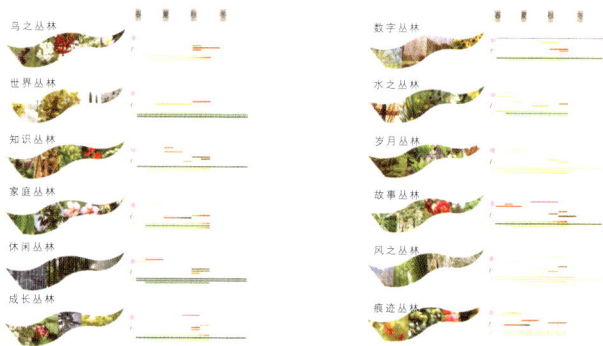
图2-49a　公园场地设计案例：用景观叙事的方法定义空间

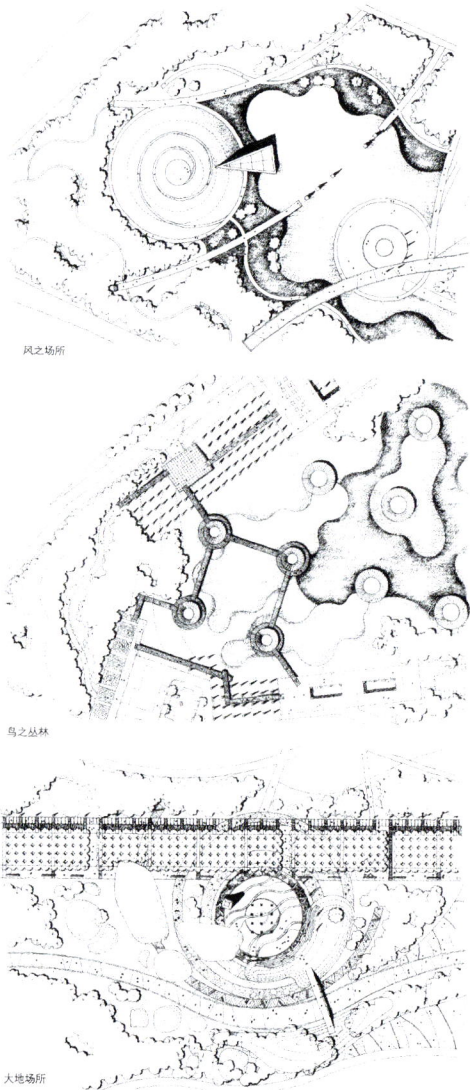
图2-50　用场景命名方法定义空间

图2－55

图2－54　景观视轴在构图中的主导作用——纵轴视轴分布，北京洋房别墅庄，北京五合设计

图2－56　场地系统架构实例滨海别墅区规划，易道公司设计

图2－53　横轴景观

图2－51　水渠是场地中隐藏和揭示的主题

图2－52　纵轴景观

图2-57 框景构图的案例

对景：对景是景观设计，尤其是中国古代园林建造中最常用的一种建筑和艺术表现手法。其具体表达的意象是：人们随着道路的延伸，步移景异，在某一节点，在不经意之中，道路两旁的景观组织产生对应关系，丰富道路的视觉体验。（图2-58）

漏景：利用植物的枝叶、树干形成面，使其后的景物隐约可见，形成漏景，在整体的景观序列中体现自身空间的价值。（图2-59）

2．视觉的控制

视线控制是景观场地设计中设计成果必须阐述的内容，也是设计师必须具备的专业能力。

首先我们要理解人的视阈是非常有限的，在头部不转动的情况下，双眼的垂直视阈为26°～30°，水平为45°。复合视阈向上为70°，向下为80°，左右各为60°，超出此范围，色彩、形状的辨识力都将下降。在场地设计中，对于突出的景物形象应尽量使视觉与视距处于最佳位置。（图2-60）

（1）垂直视线的限定

空间感的产生一般由空间中人和建筑物的距离，即视距与建筑物外立面墙的比例关系所决定。当人的视距与建筑物高度的比例为1 1，视角为45°时，构成全封闭状态的空间；当视距与建筑物高度比为2：1时，构成半封闭状态的空间；当视距与建筑物高度比为3：1时，构成封闭感最小的空间；当这一比例达4：1时，封闭感将完全消失。

视距与建筑物高度的比例关系还会影响空间给人的情感感受和使用范围。当视距与建筑物高度的比值为1～3时，空间最具私密性；比值为6以上时，空间

图2-58a 对景构图的案例

图2-58b 对景构图

图2-59 漏景构图的案例

的开敞性最强；当视距与建筑物高度的比值小于1时，人在这种空间中犹如身居深井之中。最理想的视距与建筑物之比一般为2：1。（图2-61）

（2）水平视线的限定

通过对空间的分割可创造人所需的空间尺度，丰富视觉景观，形成远、中、近的空间深度。（图2-62、图2-63）

三、艺术

"美"是容易理解的形式，会联系到感知性。本来美学就可以理解为感知的学说。显然，美的东西就其本质来说就是容易感知的秩序，有序就是美。在造型过程中首先要迎合人生理上的感知能力。（图2-64）

1．形态

规则式：也称整形式、对称式。这种形式的绿化，通常采用几何图形布置方式，有明显的轴线，从整个平面布局、立体造型到建筑、广场、道路、水面、花草树木的种植上都要求严整对称。绿化常与整形的水池、喷泉、雕塑融为一体，主要道路旁的树木也依轴线成行或对称排列。规则式绿地具有庄重、整齐的效果，但在面积不大的绿地内采用这种形式，往往使景观一览无遗，缺乏活泼、自然感。（图2-65）

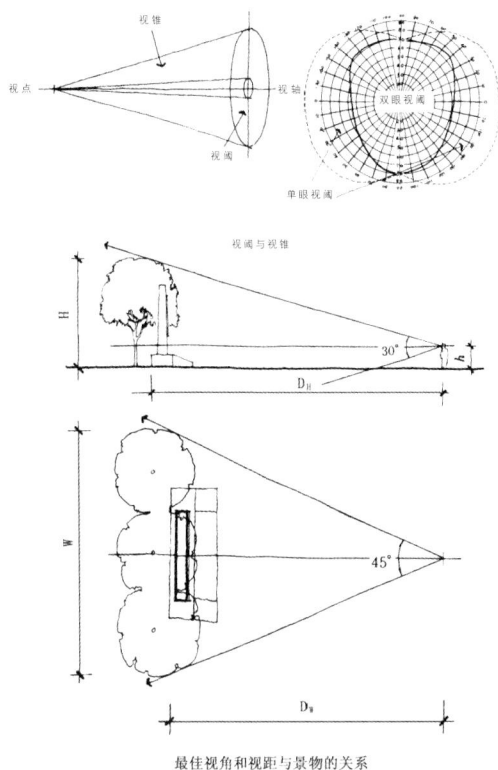

图2-60 视觉观景的特点

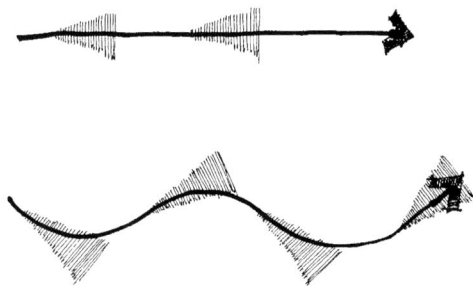

图2-62 视线的水平控制在景观设计中的作用

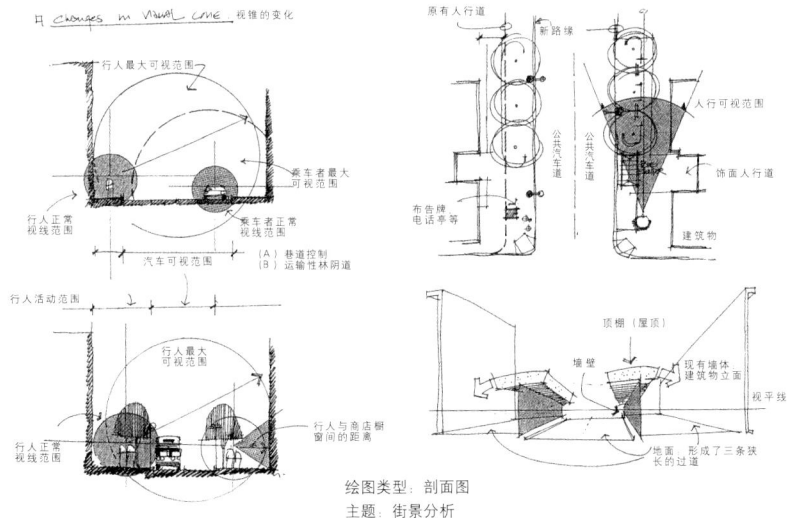

图2-61 视线的垂直控制在景观设计中的作用

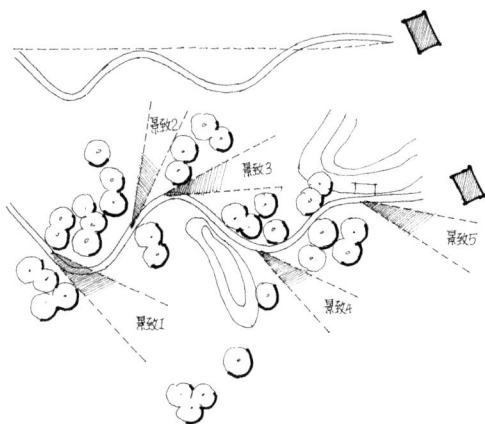

图2-63 视线水平控制的变化案例

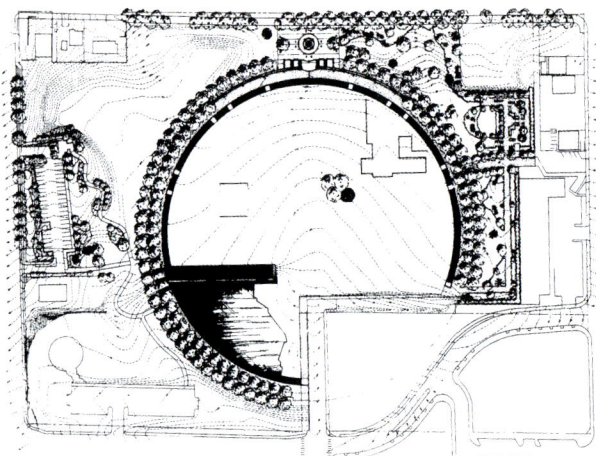

图2-64　景观设计中的艺术感知

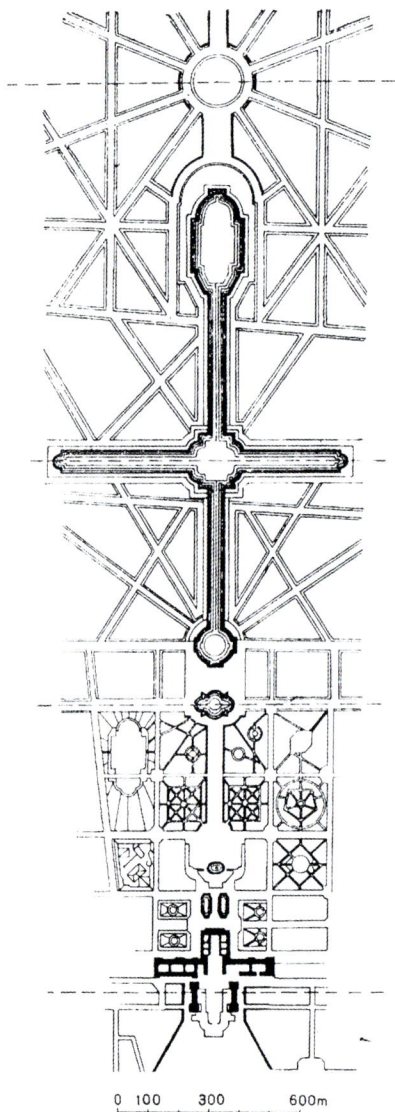

图2-65　规则式的场地形态：17世纪
凡尔赛宫总平面图

自然式：又称风景式、不规则式。自然式绿地以模仿自然为主。其特点是道路的分布、草坪、花木、山石、流水等都采用自然的形式布置，尽量适应自然规律，浓缩自然美景于有限的空间之中。在树木、花草的配置方面，常与自然地形、人工山丘、自然水面融为一体。水体多以池沼的形式出现，驳岸以自然山石堆砌或呈自然倾斜坡度。路旁的树木布局也随其道路自然起伏蜿蜒。自然式绿地景观自由、活泼，富有诗情画意，易创造出别致的景观环境，给人以幽静的感受。（图2-66、图2-67）

混合式：混合式绿地是规则式与自然式相结合的产物，根据地形和位置的特点灵活布局，既能和周围建筑相协调，又能兼顾绿地的空间艺术效果，在整体布局上，产生一种韵律和节奏感。（图2-68、图2-69）

2. 情感

情感是作者对事物最直观的表达途径，它所表达

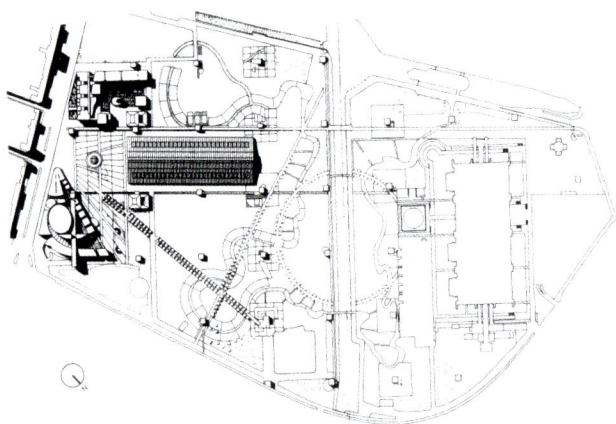

图2-66　混合式的场地形态，法国巴黎拉维莱特公园场地规划
屈米设计

图2-68 自然式的场地规划 中国苏州宜园

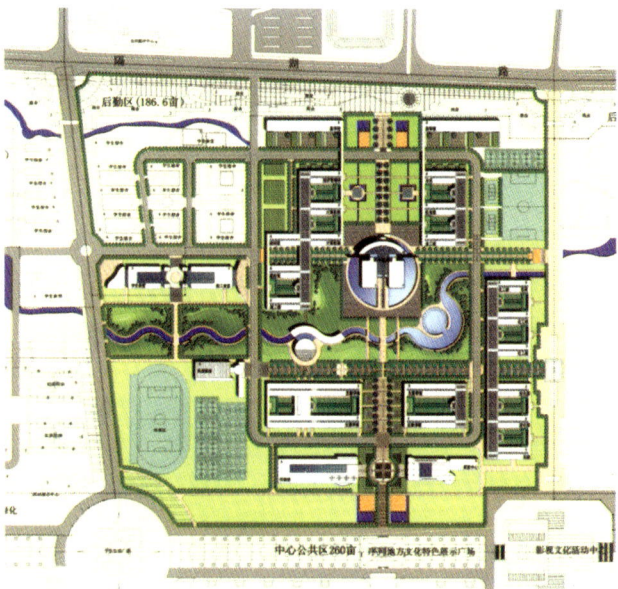

的是客观的物体，观者通过自己的感受来做客观的评价。

由情感所引发的设计手法如象征、隐喻等常借用在景观设计中。具体而言，常用的艺术意义上的情感方式在景观设计中有如下四种：

(1)象征：指借助于某一具体事物的外在特征，寄寓艺术家某种深邃的思想，或表达富有特殊意义的某种事理的艺术手法。（图2-70）

(2)隐喻：是一种比喻，用一种事物暗喻另一种事物。在景观的形态中，常用这种方式来委婉地表达作者的某种情感。（图2-71）

(3)移情：是审美的一种心理情绪，在看到客观事物时产生了自我情感的错觉。它是一种把某种形态特征进行夸张的手法，人们在留下视觉冲击的同时，引发某种回忆。20世纪初，日本的园林对欧洲世界的景观设计产生了巨大的影响，如日本园林中，用石块、苔藓象征仙岛、神山的手法被唐纳德转化为景观的"移情"。（图2-72）

(4)抽象：提炼事物本质的一种方法。（图2-73）

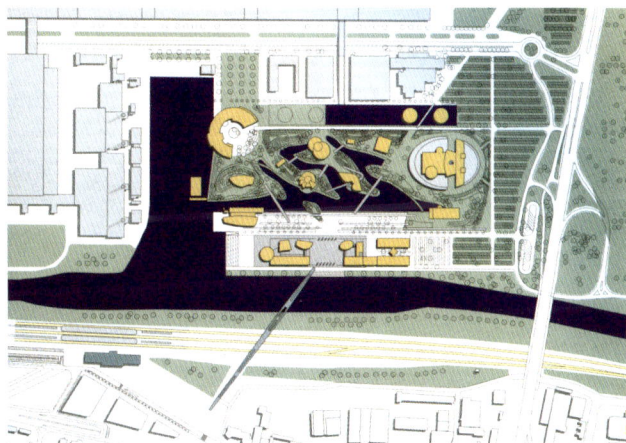

图2-69 在同一案例中将不同形态倾向的设计语言统一在一起

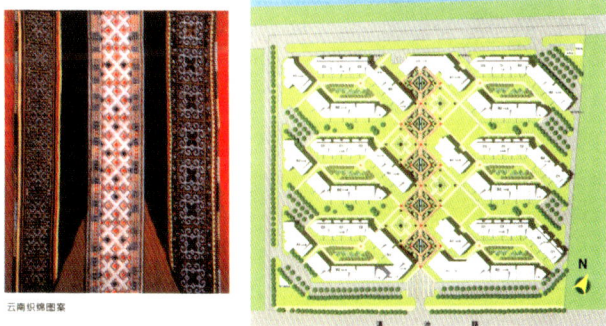

图2-70 象征的语言学特征在场地规划中的应用案例：银海山水间住宅小区规划

图2-67 以自然式布局方式的景观设计案例：沃尔夫斯堡汽车城（海恩建筑事务所）

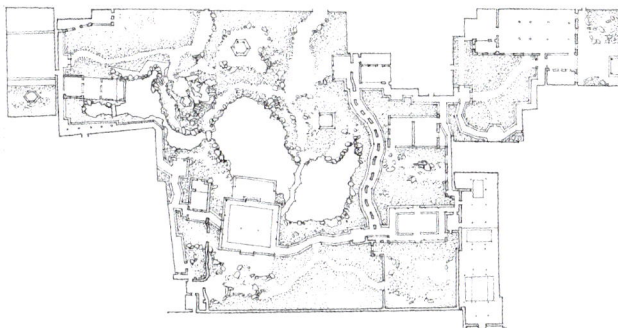

图2-73 抽象的手法在景观设计中的运用 玛莎·斯瓦特设计作品

图2-71　隐喻的语言学特征在场地规划中的应用案例：歧江中山公园的设计手法

图2-72　移情的语言学特征在场地规划中的应用案例

第四节 文化的需要

一、可读性

城市景观的可读性指的是一些能被识别的某部分以及它们所形成的结合紧密的图形。一个城市可识别的就是它的区域、路径、地标等组成的整体的城市图形。

场地景观的"可读性"或"清晰性"，就是让人容易认知城市各部分并形成一个凝聚形态的特性，好比这本书，它的可读是因为它由可认知的符号组成，是可以通过视觉来领悟的相关联的形态。一个可读的城市，它的街区、标志物或是道路，应容易辨别，进而组成一个完整的形态。

尽管"可读性"或是"清晰性"并不是一个场所的唯一重要特征，但在涉及城市尺度的环境规模、时间和复杂性时，它具有特殊的重要性。为此，我们不能将城市仅仅看成是自身存在的事物，而应该将其认定为由它所拥有的人群所感受到的场所。虽然人们通常都喜欢有水和大空间的全景景观，但是，我们不可否认，那些原来狭窄、拥挤的街道留给了我们亲近的尺度，破旧的房子留给了我们关于某些事件的记忆。而且这些事物能表明一个场所的可读性，在文化需要的感知领域，成为我们不可删除的重要视觉形象。

那么，场地中的可读性因素有哪些呢？

首先，标志物是旧有场地的标志性记忆，是视觉的点状参照物，观察者只是位于其外部，而未进入其中。它通常是一个定义简单的有形物体，比如建筑、标志、店铺或山峦，也许就是许多可能元素中挑选出的一个突出元素。它也有地域性特征，只能在有限的范围、特定的道路上才能看到，只要它们是观察者意象的组成部分，就可以称为标志物。标志物经常被用作确定身份或结构的线索，随着人们对旅程的逐渐熟悉，对标志物的依赖程度也越高。

其次，场地的天际轮廓也给我们留下清晰的印象。(图2-74)

再次，区域尺度中的重要节点也能产生重要的影响。(图2-75)

此外，还有体现场所功能定位的相关符号等等。

以上这些因素虽然不是环境的所有可读性因素，但是沿着这些因素思考，我们可以找到很多设计的理由和价值，帮助我们形成更具有说服力和适宜的设计成果。(图2-76~图2-79)

图2-74 场地的天际轮廓: 阿格坝大厦(让·卢维尔)

图2-75 区域尺度的重要节点

图2-76 场地可读性的案例运用: 都江堰城市广场设计

图2-77 场地可读性的案例运用: 都江堰城市广场设计

图2-78 场地可读性的案例运用: 都江堰城市广场设计

图2-79 场地可读性的案例运用: 都江堰城市广场设计

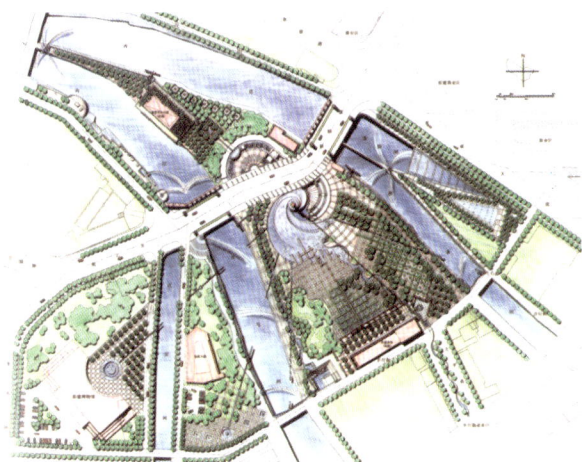

二、意象性

意象，英文称"vision"，指的是一种表象，它是由记忆表象或现有知觉形象改造而成的想象性表象。环境意象是观察者与所处环境双向作用的结果。环境存在着差异和联系，观察者借助强大的适应能力，按照自己的意愿对所见事物进行选择、组织并赋予意义。我们对场地环境的体验、评价都是为了我们在头脑中形成环境意象，这个意象把我们的思路引向对未来的勾画中——仿佛看到了经过我们选择、强化出来的场地——富有特殊意义的场所。而意象性，指的是具体对象使一个特定的观察者产生高概率的强烈意象的性能。对象的色彩、性质、排列促成了特征鲜明、结构紧凑和相当实用的环境心理图像。（图2-80、图2-81）

一个整体生动的物质环境能够形成清晰的意象，同时充当一类社会角色，组成群体交往活动中记忆的符号和基本材料。如许多原始部落有代表性的神话故事的场景都十分惊人；战争中孤独的士兵相互交流时，最初时也最容易谈到的就是对"家乡"的回忆。（图2-82）

一处好的环境意象能够使拥有者在感情上产生十分重要的安全感，能由此在自己与外部世界之间建立协调的关系。这意味着，最甜美的感觉不仅是熟悉的，而且与众不同。

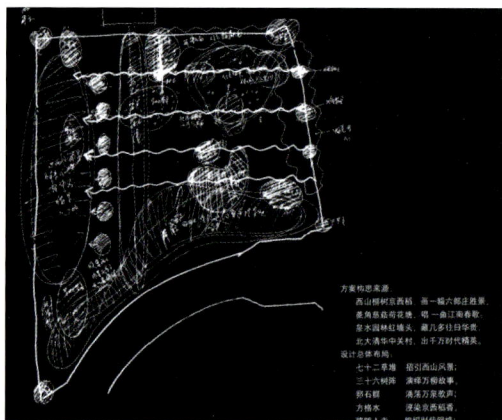

图2-81 场地设计意象性勾画阶段的体现案例

图2-82a 场地设计意象性勾画阶段的案例：作者用诗歌的方式概括出对场地未来的思考 俞孔坚设计

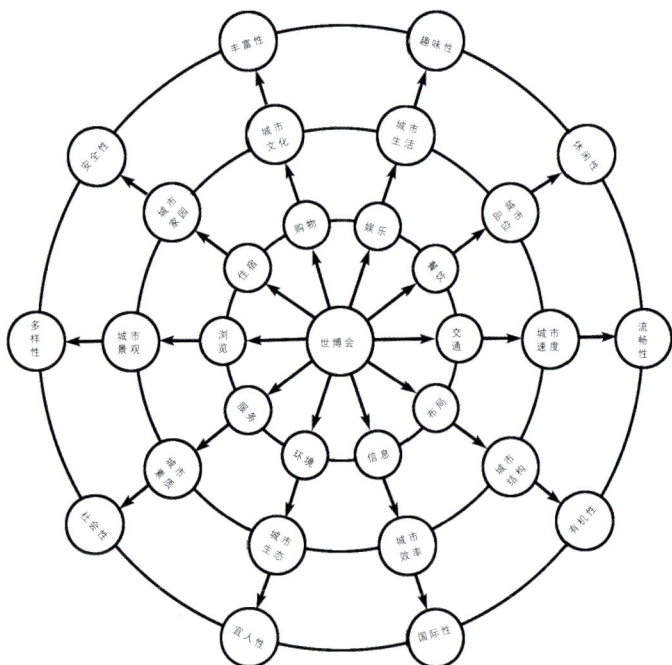

图2-82b 规划前的意象性思考

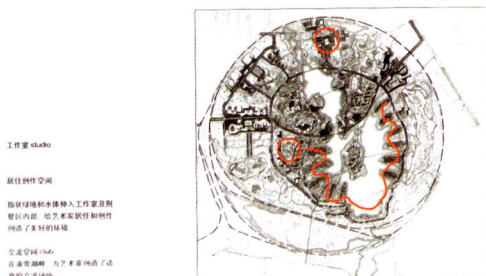

图2-80 城市意象的分析案例：上海世博会的设计定位分析

三、差异性

环境意象经分析归纳，由三部分组成：个性、结构和意蕴。一个可加工的意象首先必备的是事物的个性，即其与周围事物的可区别性和它作为独立个体的可识别性，这种个性具有独立存在的、唯一的意义。其次，这个意象必须包括物体与观察者以及物体与物体之间的空间或形态上的关联。

只有在实地中，才能逐步认识场地和它的特征——可以利用的地方、需要尽可能保留的特征。我们必须不辞辛劳，攀高爬低、踢踢草皮、挖挖泥土，用眼去观察，用耳去聆听，用心去深刻体验这块特定景观区域的独特品质。

沿着道路一线所看到的都是场地的扩展部分；从场地中所能看到的是场地的构成部分。我们在场地中听到的、嗅到的以及感觉到的都是场地的其中一部分。任何地形特征，无论是自然的还是人造的，只要对场地或其用途有任何影响，就一定要作为规划因素来考虑。

美国城市学家凯文·林奇在《城市意象》中曾说过："一个有效的城市意象，首先其对象必须具有识别性，这指的是它能有别于其他东西，可以作为一个独立的实体而被认知。"由此，要使场地景观设计具有个性，易于识别，就应该在设计时研究当时当地的气候、民风、民俗、生活习惯和周围环境的特点，并了解该地的历史与现状，掌握其发展的规律。具有时代特征和地域风貌的场地环境才是拥有个性的环境，才能在设计师心目中和当地使用人群中成为具有差异性的唯一的设计。

人文景观学者Jcakson指出，广场绝不应仅仅理解为一个环境和展示的舞台，广场的内涵是极其丰富的，它是当地社会秩序的显示，是人与人、市民与当权者之间关系的反映。广场使个体在社区中的地位和作用得以显现，它使每一个人在社会政治、信仰和消费归属和认同中得以彰显，并使这种归属和认同得以强化。公共广场不仅仅是一个供人休闲和唤起人们环境意识的场所，它也是唤起公民意识的场所。

如果说广场使"社区"成为"社区"，使"社会"成为"社会"，那么，广场实际上也使"人"成为"人"。广场本身是作为群居的社会性动物——人的本质属性的反映，正如人需要私密的庇护空间一样，人也需要作为交流空间的广场。(图2-83～图2-86)

图2-83

图2-84

图2-85

图2-86

图2-83～图2-86同样将场地做水景观的处理，但由于各案例自身所处的环境背景不同，意象不同，表现出了不同的差异性特征。而这些特征往往成为场地的灵魂。

工作计划——寻找最高价值

本单元罗列了解决问题的多种可能，这一阶段的研究课题是多解化的思考方法。

设计构想是由要素和排序原理组成的体系。

本阶段的工作重点是对场地项目的价值取向问题的探讨。在功能、文化、人群、景观等要素中，设计师的切入点是什么？以什么角度来审视场地问题？或者说，在各个问题中需理解的核心问题是什么？主次关系怎样？首先解决什么？其次解决什么？这些问题关系到项目以后的走向。这些问题是在画图纸之前，设计师心目中作出的思考，或者idea，或者说是意图、主意，并以这个为前提构成体系。

设计构想就是把对空间场地的想象作为思考的结果，以提纲、计划和文字的形式记录下来。这些概述阐明了一个体系，它不仅大部分以要素为基础，反过来，又从要素出发来审视整个系统。

重要的是，要找到一种衡量方法。在此，一个系统不是通过要素的简单"堆砌"而产生的。事实上，它需要排序，更确切地说，需要归类。从本质上说，体系是由具有一定内在联系的要素组成的。最后，所有的构想指向的是一个整体——决不要只见树木，不见森林。

在这一阶段，主要解决三个问题：

一、场地概念的建立

在设计中，有许多概念位于上层，借以引导下一层次的概念，而下一层次的概念则引申出具体的设计。

1. 在设计上，设计者通常通过计划撰写者来了解业主在目标、政策上的表现方法。早期的概念是已知的，后来设计者产生的概念要与早期的概念相互呼应且延续。下面就是我们要探讨的顺序：定义问题的本质、核心议题以及最佳的时机。（表2-1）

2. 建立建筑物的角色目标，以及与问题本质的相互联系。

3. 对空间分区及分群规划，使之适合业主的操作经营。

4. 考虑内外操作及环境关系，做出合适的基础配置计划。

5. 发展内外主要交通的概念。

6. 对建筑群彼此以及周围环境空间的分区以及

分群的规划。

7．在各空间中规划活动区。

二、场地定位的完成

1．场地规模：场地选址、占地面积、投入档次，与周围环境的互动性等。

2．设计内容：改造的部分和新建的部分，功能的延续或改变等。

3．规划结构：自然式或规则式。人工痕迹对自然环境的干预具体是多少。

4．功能需求：具体细化的功能在与业主的协调下明确化。

5．建筑物的密度、高度、造型、风格：对场地内出现建筑的形态约束。

6．绿地系统：景观的风格确定，景观美化实施手段的确定。

三、场地意象的定位

场地意象的勾画定位是从对场地的理解开始的，设计师需要考虑基地对区域的影响和作用，将外部尺度的整体性与内部尺度的协调性放在一起思考。(图2-87、图2-88)

定位就意味着设计的方向，定位不同设计的结果就会完全不同。这里不能回避的是，设计定位和设计师本人的修养、学识密不可分，它包含着设计师对场地环境的情感、文学艺术功底以及想象判断能力等多方面因素。(图2-89~图2-93)

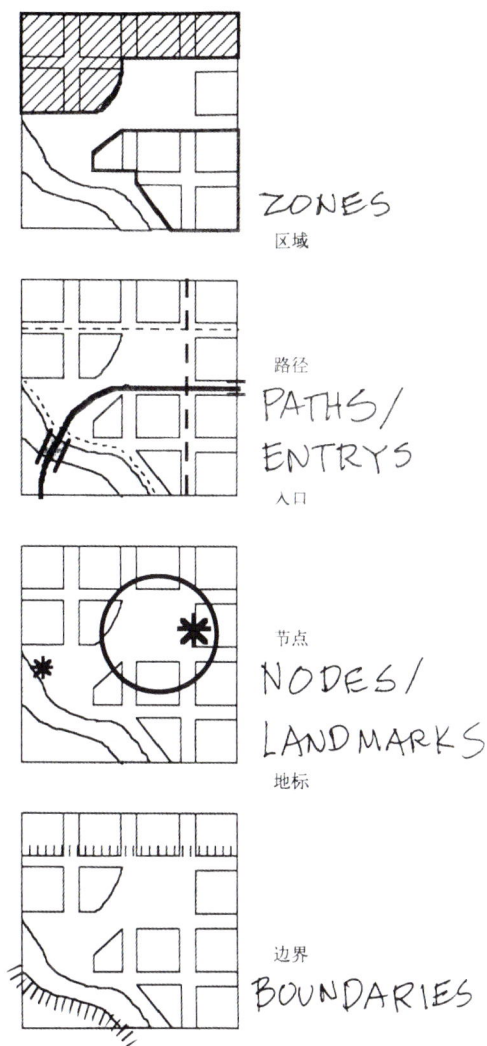

图2-87　城市意象控制

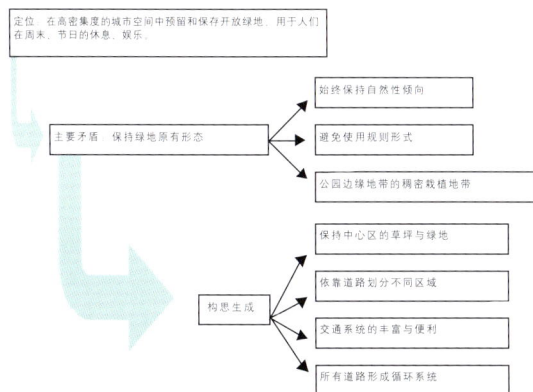

表2-1　中央公园的设计概念

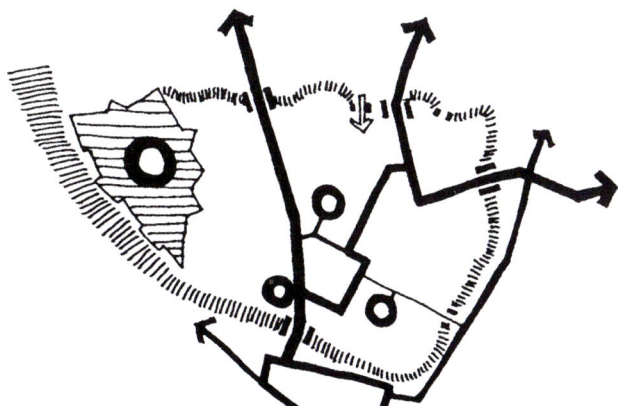

图2-88　城市意象解析

问题的本质

建筑物的角色与目标

功能分组

基地与建筑的分区

主要交通流线

调整空间的分区

室外空间的配置

外观和技术

强化彼此的关系

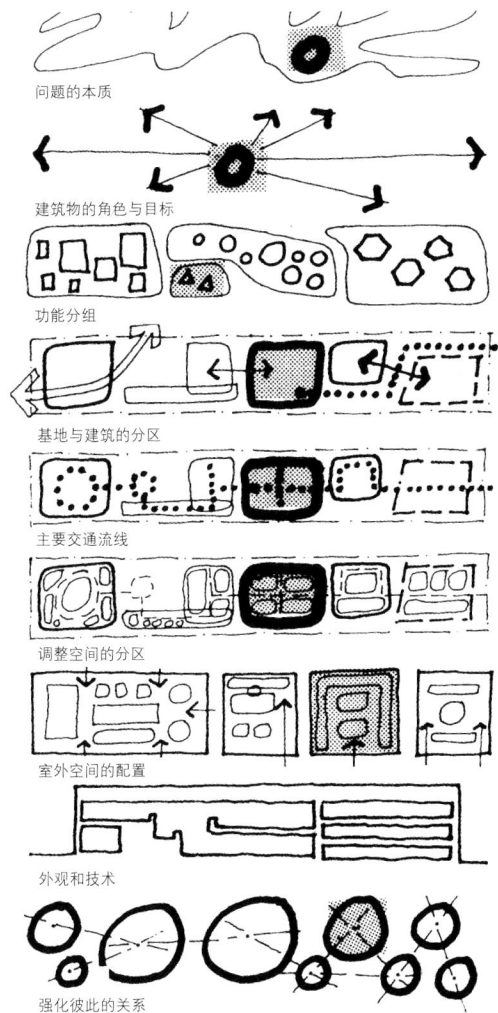

在一个建筑设计中，concepts 的产生有许多的类型

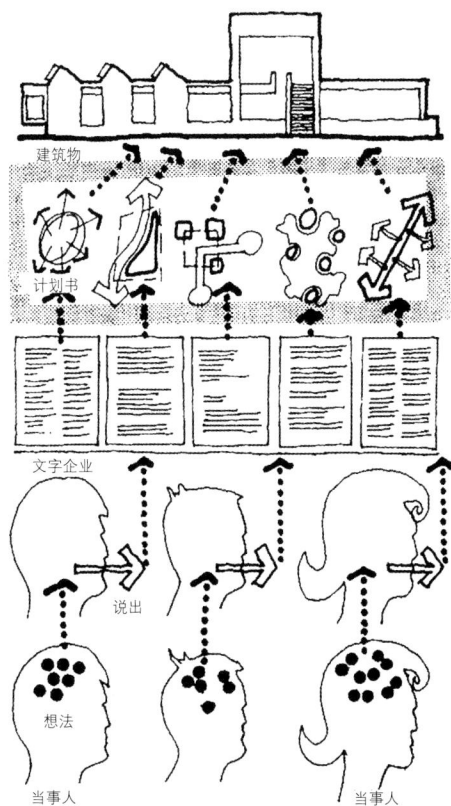

图 2-89

建筑物

计划书

文字企业

说出

想法

当事人   当事人

图 2-90　图表能像桥梁一般帮助我们把心里的想法
传达到口头，落实到纸面，将问题转化为一种实质
的建筑解答。

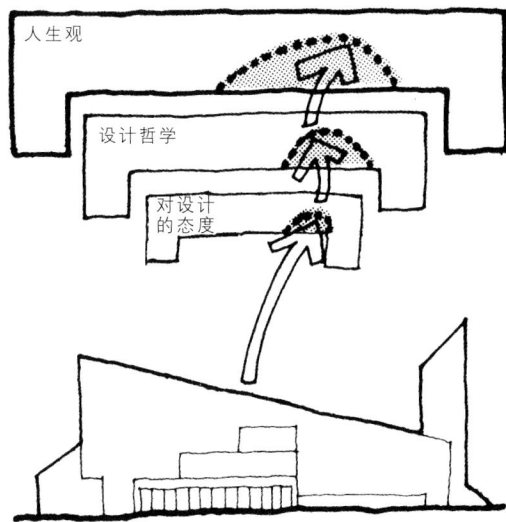

人生观

设计哲学

对设计
的态度

图 2-91　我们的生活经验以及曾接触过的设计方案，会
改变我们对一个设计的态度，我们的设计哲学，甚至我
们的人生观。

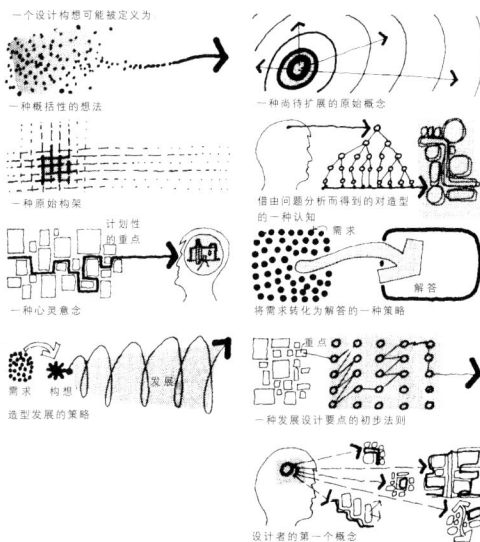

一个设计构想可能被定义为

一种概括性的想法

一种尚待扩展的原始概念

一种原始构架

借由问题分析而得到的对造型
的一种认知

一种心灵意念

将需求转化为解答的一种策略

造型发展的策略

一种发展设计要点的初步法则

设计者的第一个概念

图 2-92

对人的看法

设计哲学

对设计的态度

设计的决定

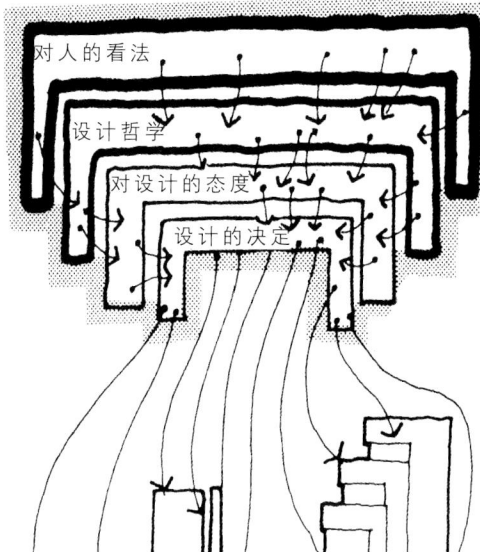

图 2-93　我们对人生的看法形成了我们设计哲学的脉
络，而设计哲学则影响和左右了我们在某一特定设计
方案中的态度与决定。

图 2-89～图 2-93　概念设计时的思维过程

第三章 规划场地
——布局思考阶段

教学引导

教学重点

本单元的教学中，将场地设计图中操作性的主干内容——进行详细讲解。分别从规划内容和完善内容两个方面来阐述。课程中，对相关专业技能进行了解的同时，期望对各类图纸逐步完善，使其符合场地设计的相关规范，并训练学生在设计过程中的严谨态度。另外，本章特别深入到场地设计的细节诸如车行道等相关的技术要求，使得教学能落实到具体而细致的环节，并使学生养成查阅规范的设计习惯。

教学安排

总16学时——理论讲解8学时、现场考察6学时、分析讨论2学时

作业任务

1. 在前两个单元训练的基础上，根据现有基地设计的具体要求进行分区、实体布局、道路组织、绿化配置内容的设计。

2. 对相关的总平面图、分析图、立面图的草稿进行逐步完善，并整理成系统的电子文档。

引言

一、二单元是我们对场地的理解和思考，然后得到一些概念上的成果。在第三单元里，我们要将掌握的素材、资料逐步形成一个可行性的方案。

图 3－1　香港屏东大鹏湾休闲游艇复合区中央广场平面配置图
联谊工程顾问公司

这个单元里，除了理解和领悟一个场地的相关信息之外，还需要将规划的全部内容（分区、实体、交通、绿地）在图纸上具体反映出来。较之二单元的意象勾画，本单元注重将所有的内容落实到场地本身的独特因素上。这一单元中，总平面图的形态确定是教学和设计工作的核心内容。（图3－1）

在本单元中，学生必须体会、学习如何查阅相关的技术规范和手册。

第一节 规划内容

对场地问题和场地的价值进行的调查有了初步结果后，设计师需作出决策，即提出解决问题的核心方法、途径等。从某种角度来说，设计就是对一系列信息的处理过程，设计师不断地就得到的各种信息做出思考和判断——每一个决策对于场地环境的设计来讲都是一次机遇；每一次设计对策的形成都意味着将场地推向了某一价值的取向。为了能及时审核场地设计，设计师可以就当前的成果、实施途径和决策与甲方团体作设计评估，以达到更加理想的目的。

在布局思考阶段，设计是一个全方位考虑的推进，总体协调的过程。将场地中的各个组成部分合理安排、综合平衡，使各部分内容构成有机的联系；妥善处理场地各系统之间、局部与整体之间的关系，即将功能分区、道路系统、地形设计、实体布局、种植规划诸系统的各方面因素协调统一的过程，设计师的决策将一一呈现在图纸上。

一、 场地分区

场地分区是场地设计工作中的重要组成部分，它是场地布局的起点。

如果说场地布局是为整个设计确立一个大的基本框架，那么场地分区就是对这个大的基本框架进行布局。

场地分区简单来讲就是将基地划分为若干区域，将场地中包含的内容按照一定关系分成若干部分组合到这些区域之中。场地分区的方式决定了场地的基本形态和其中各组成要素之间的基本关系。

在分区时首先要做的是将场地功能、关系一一罗列，并找出排列组合方式。

场地分区的目的有两个：一是解决基地的利用问题；二是解决内容组织的问题。这两个目的又是交织在一起的，也就是在确定分区方式时，既要考虑基地利用的问题，又要考虑内容组织的要求。(图3-2、图3-3)

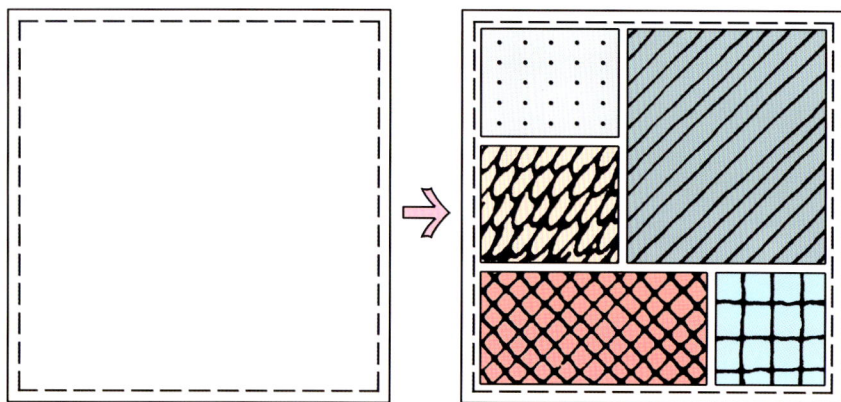

图3-2 从基地利用的角度出发，场地被分为实体、道路、绿地等方面，场地布局时将有效地对其进行组织

图3-6 场地分区的均衡方式

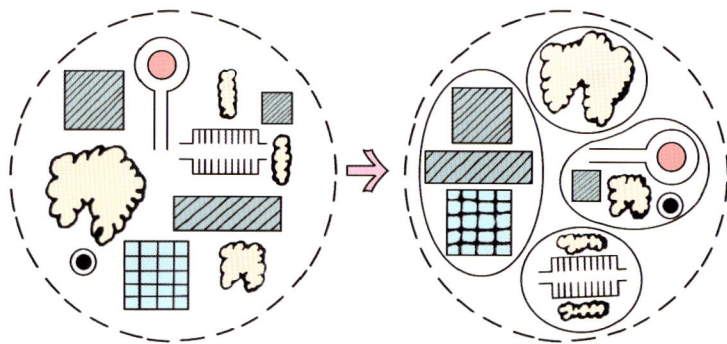

场地分区的两条思路（内容与用地）

图3-3 从内容组织的角度出发，场地被分为建筑、停车场、绿化带、各级道路等方面，场地布局时对其进行归类整理。

图3-4 场地分区的集中方式

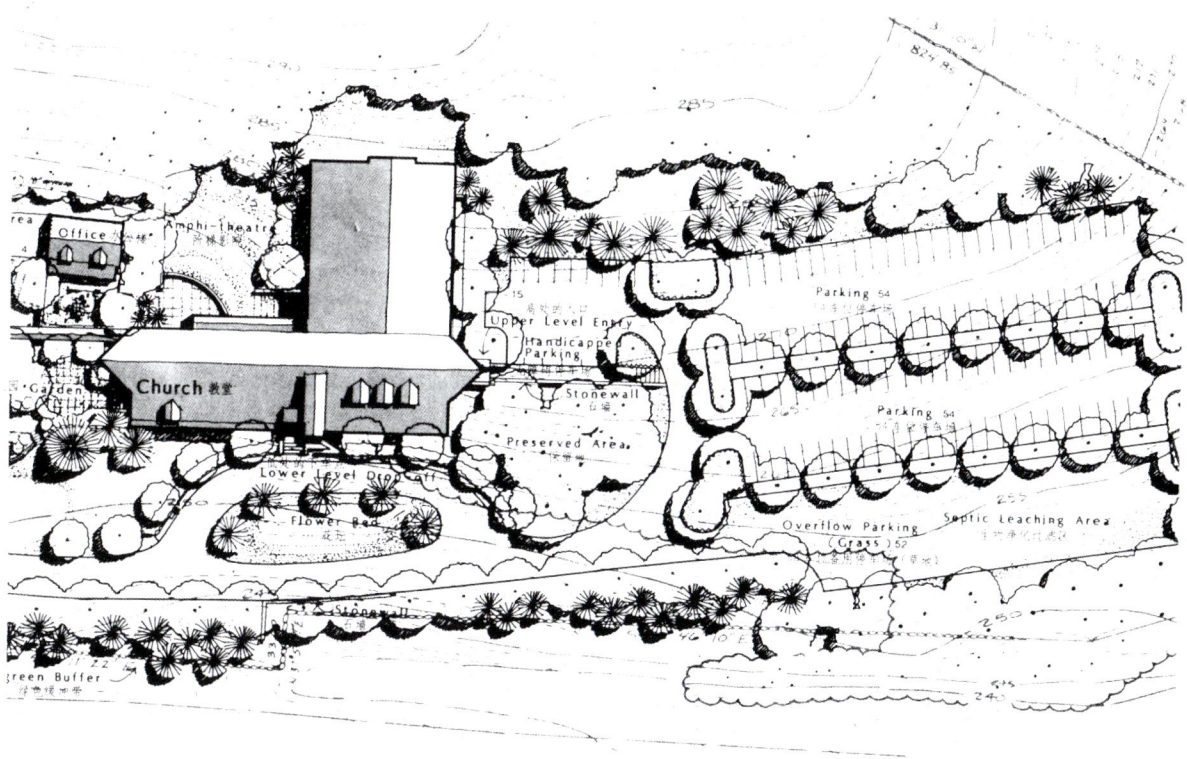

图 3 - 5 　某公共区域的规划采用的集中用地的方式

1．场地分区与基地利用

正确使用基地，发挥基地的最大效用是场地设计的一个根本目的，因而也是场地设计工作的重点之一。场地设计是在有限的用地之内做"文章"，充分利用每一部分土地，避免闲置与浪费。

（1）集中方式

在用地比较有限的情况下，采用集中的用地划分方式是一条有效的途径，这样有利于有效地使用基地。集中的用地划分方式是将性质相同的用地尽量集中在一起，以利于边角地段的规划，减少闲置地块，保证基地的每一部分都有效利用，同时也增大了可使用的用地面积。(图3-4)

采取相对集中的分区方式，并不意味着简单地将用地划分为几个粗略的大块，也并不是分得越大越粗略越好，而是应在可能的情况下尽量简化分区，减少层次。它必须有其依据，一是依据土地性质划分，二是根据基地形状划分。性质上的集中划分方式可以将相同或类似的用地集中在一起，连成一片；形状上的集中划分方式是根据基地的轮廓形式特征来划分地块，使每一区域都尽量完整，便于利用。(图3-5)

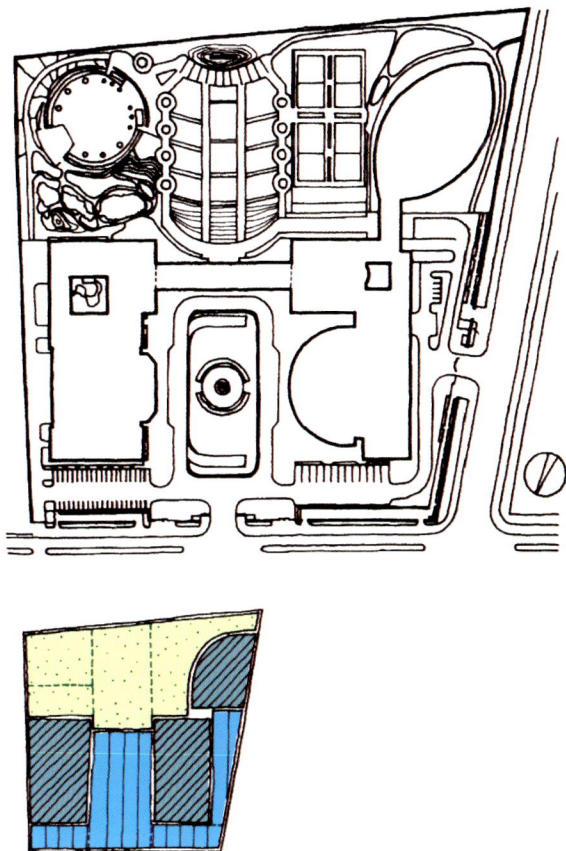

图 3 - 7 　均衡用地的例子之二

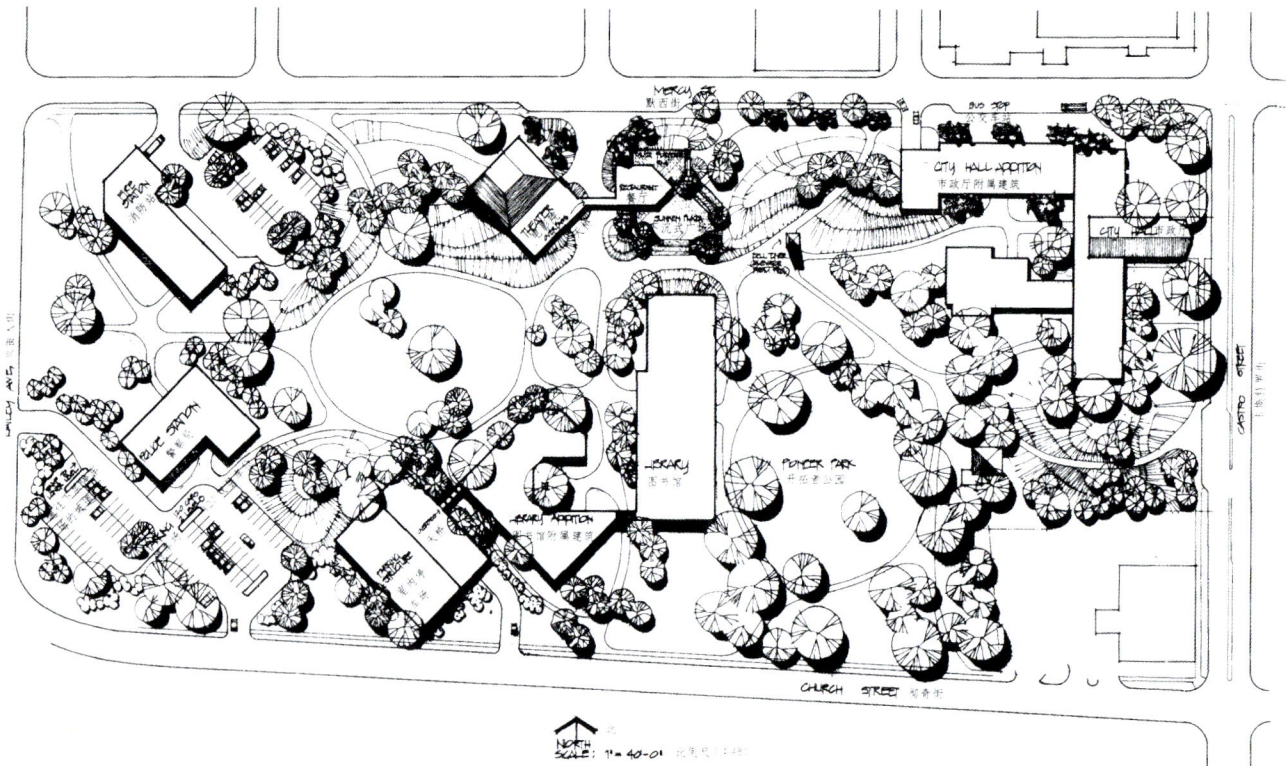

图3-8 均衡用地的例子之一：加利福尼亚州的芒廷维尤的城市中心

(2) 均衡方式

在用地规模相对较大，用地比较宽松的情况下，场地布局与各项内容的组织显然相对容易。这时的场地分区与用地划分可采取多变化的方式。均衡方法是将场地内容均衡布置，使每部分用地都有相应的内容，使每部分用地都发挥作用。(图3-6)

其一，根据不同的性质将用地划分成大致相当的相对集中的几个区域，这样场地整体上的区域划分会较为明确。其二，将基地直接细化为较小的区域，再将内容在不违背自身要求的情况下适当分解，组合到各区域之中——只要保证每个区域都各有其用，也就保证了均衡。(图3-7、图3-8)

2. 场地分区与内容组织

在布局时，除了考虑基地的利用情况，将用地划分成若干区域外，还需将场地的各项内容组合到这些区域中去，最终使场地的各个区域与其特定内容成为一个统一体。对内容进行分区组合的目的是使场地能够呈现比较清晰和明确的结构关系，使功能、空间、景观等方面都呈现出一种有序的状态。

(1) 分区的依据

对内容进行分区组织的依据是它们各自的特性要求。其中功能特性是最基本的，将所有内容分解成若干区域或组团是场地分区的基本任务。从另一角度来看，场地分区也可称为功能分区。一个秩序井然、结构明确的场地会给使用者提供良好的使用条件，其中对各区域功能关系的明确界定是最为紧要的，也是区域功能各自正常运行的最基本的保证。因而，混乱的功能分区是场地布局失败最主要的原因之一。(图3-9)

图3-10的实例说明：当场地内容比较复杂时，为保证场地布局的合理有序，依据各组成内容的功能性质进行合理分区是十分关键的。

内容的功能特性是确定分区的根本依据，而功能特性是由多方面体现的。因此以功能为基础决定分区的形态时，需要考虑由功能性质而引发的一系列的派生问题，诸如闹与静、洁与污、公共与私密、景观要求

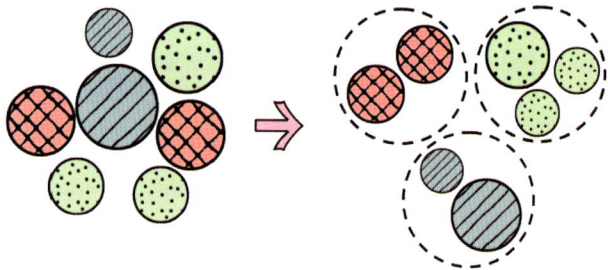

图3-9 场地分区的依据(功能分区)

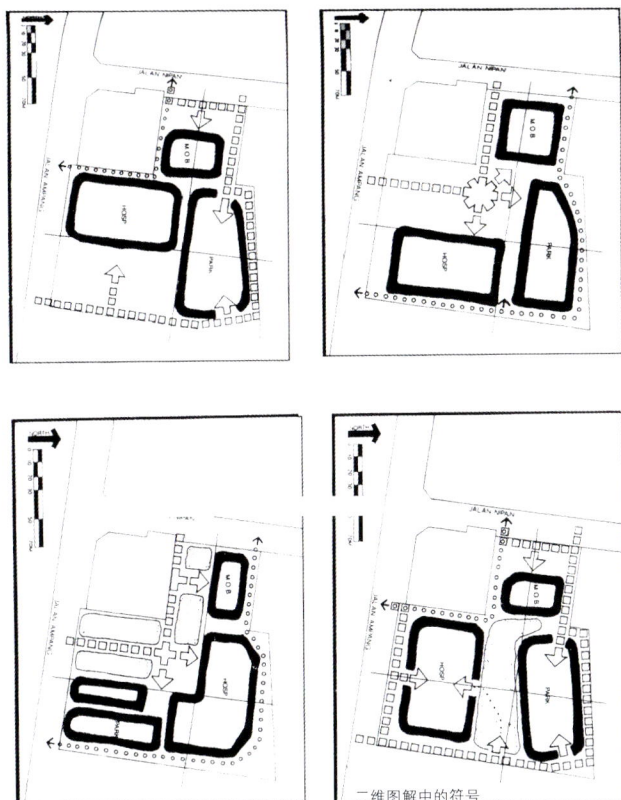

图 3-10　某医院场地设计中按照不同功能的需要进行场地分区的组织

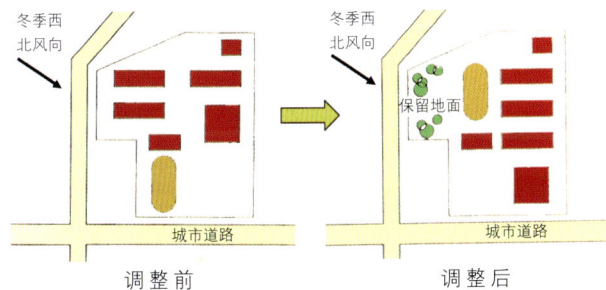

图 3-11　某校舍按照场地内容合理的布局前后：风向成为场地利用的主要决定因素。

的高与低等。这使分区可沿多条线索进行，比如闹与静的分区、公共与私密的分区等。这些不同侧面又都体现了各自的作用，但每一侧面的重要程度往往又不相同。所以在考虑每一方面的同时，还需综合分析，权衡不同侧面的重要程度，确定最主要的依据。(图3-11)

(2)分区的形态

内容分区的形态概括起来有两个方面的表现，一是各区域的划分状态，二是各区域之间的相互关系。内容分区只有将这两方面都加以落实，其形态才能最终确定。

从形态的角度看，划分的概念具有两重意义。一是"分"，就是要将场地中的全部内容按照相互之间的差异性分解成若干组团或区域，强调的是不同性质之间的划分；二是"合"，也就是要将不同内容按照相似性组合在一起，强调的是合并。(图 3-12)

进行适当的分区并不意味着要将所有的内容截然分离、各自孤立，而是要保证内容有明确的组织形式，使场地能呈现更为有序的形态。位置关系是指各内容区域相互毗邻或是相互隔离开来，对应到基地中则表现为不同区域的内与外、前与后、中心与边缘等方面的关系。对于这种关系的形成，空间、景观、交通关系、公共与私密、动与静以及各部分在场地中的重要程度等方面的要求是同时起作用的。(图 3-13、图 3-14)

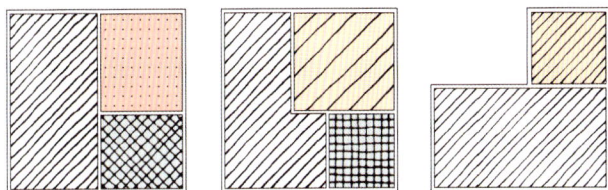

用地紧张时分区宜集中　　　集中分区的两种方式（性质与形状）

图 3-12　分区形态的两种方式：分与合

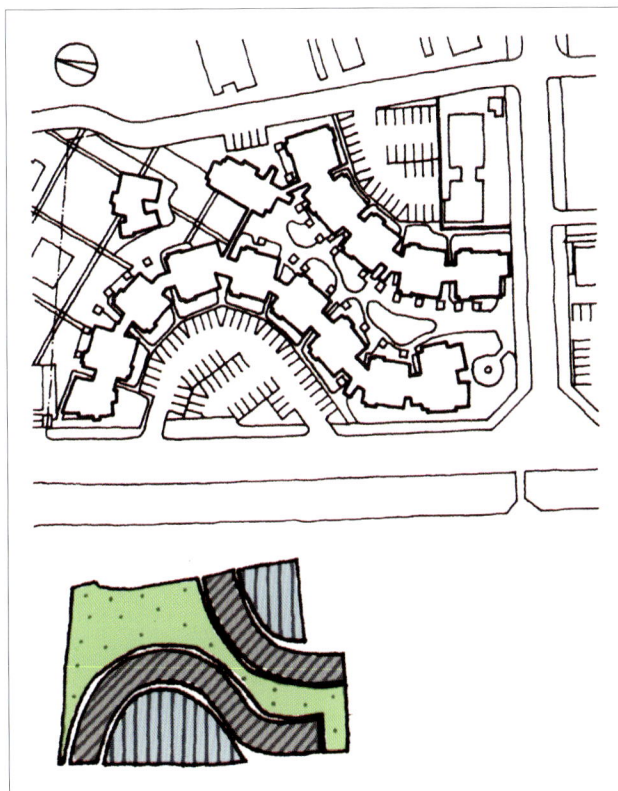

图 3-13　场地被分散处理的住宅小区

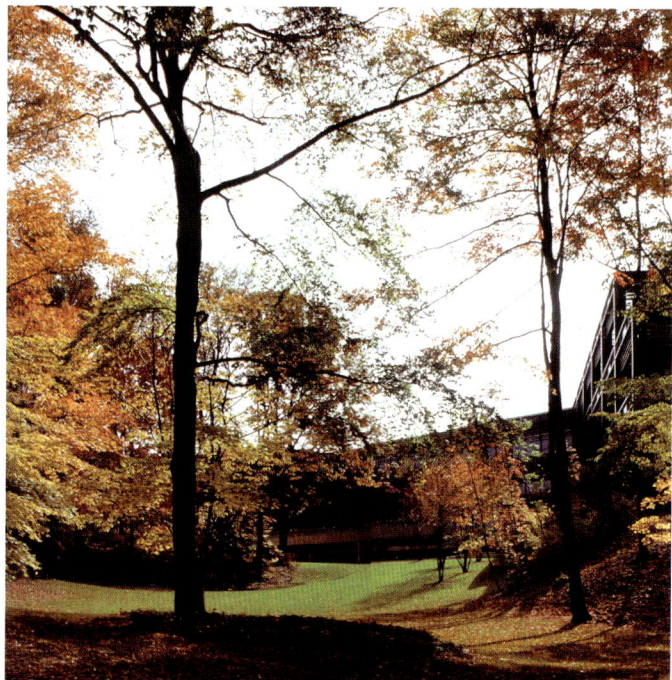

图3-14　场地合并的规划案例　TRW公司总部　佐佐木设计事务所

二、 实体布局（图底关系）

首先要说明的是此处的实体是指场地内的建筑物与构筑物，一般情况下它们都具有明确的三维结构，是相对于广场、绿化等内容而言的。在大多数场地中，建筑物都是实体中最主要的部分。

场地中的每一项内容都与其他内容有着不同的关联方式，是一种网络式的结构，牵动其中任何一点都会影响到全局。建筑物是场地规划设计的核心工作之一。从一定意义上讲，场地是为建筑物而存在的，处理好建筑物与其他内容的关系是场地设计的任务和工作重点之一。(图3-15)

1．布局原则

建筑选址，是根据建筑性质，结合区域内的条件，选择比较合理的基地位置。确定建筑基地位置后，建筑总平面布局应加强其合理性，避免与建筑选址的合理因素产生冲突。(图3-16)

建筑总平面布置，是结合特定性质的建筑物进行的一项综合性的场地设计任务。根据基地建设项目的性质、规模、组成内容和使用要求，结合当地的自然条件、环境关系、交通线路，进行竖向、绿化、工程管线和环境保护等综合设计，使其满足使用功能或生产工艺要求，这个任务称为建筑布局。它应满足如下原则：

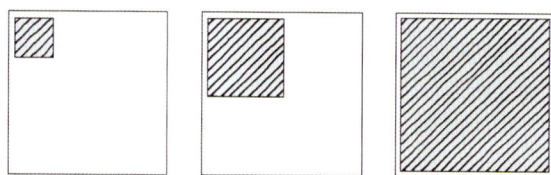

用地规模与建筑物占地规模的三种比例关系

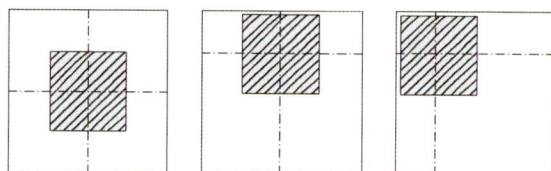

建筑物在基地中的三种位置

图3-15　建筑物在场地中的规模和位置对场地产生不同的影响

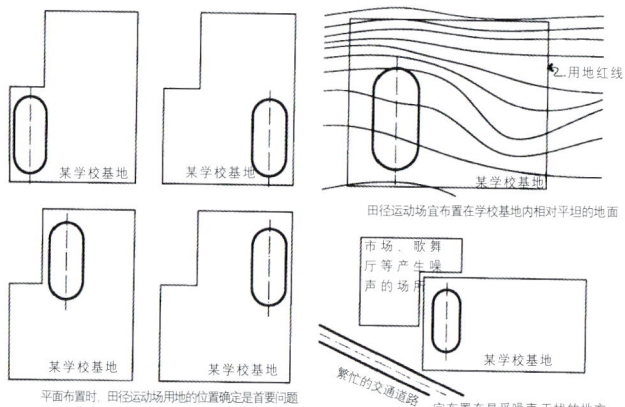

某学校基地　　某学校基地　　某学校基地

田径运动场宜布置在学校基地内相对平坦的地面

某学校基地　　某学校基地

平面布置时，田径运动场用地的位置确定是首要问题

市场、歌舞厅等产生噪声的场地

某学校基地

宜布置在易受噪声干扰的地方

繁忙的交通道路

图3-16　以学校的运动场为布置中心展开的实体布局

建筑功能整合原则：非特殊情况下，建筑物的位置安排应避免造成基地面积零碎，以致无法安排其他设施。当然建筑物性质不同，会对不同的场地有特殊要求。(图3-17)

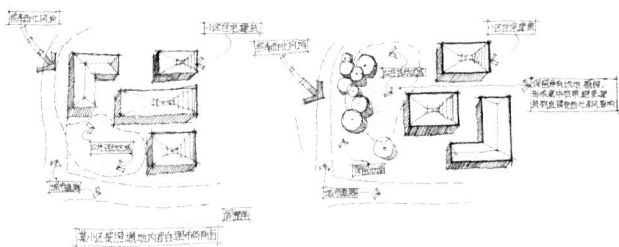

图3-17 场地整合原则

景观效果优化原则：建筑物与基地周围之间应形成良好的互动关系，不应对基地周围环境产生不良效果。建筑物应结合四周环境，根据建筑物的性质，结合具体情况设计，形成良好的景观，同时应避免破坏原有的景观效果。(图3-18、图3-19)

建筑单体规范原则：建筑物之间的关系应合理、有序。建筑物之间的间距应满足防火规范要求、日照标准要求（居住建筑）、建筑用房天然采光要求等。

结合地形原则：对于地形，应尽量减少挖填方量，一方面是经济原则，另一方面也是对环境的尊重、对生态的尊重。

物理环境健康原则：应组织好建筑与环境的自然通风，防止和减少环境噪音干扰；与污环境之间应有卫生隔离带，并应符合有关卫生标准的保护间距要求。(图3-20)

（注：相关规范可参考《民用建筑设计通则》，建筑工业出版社出版）

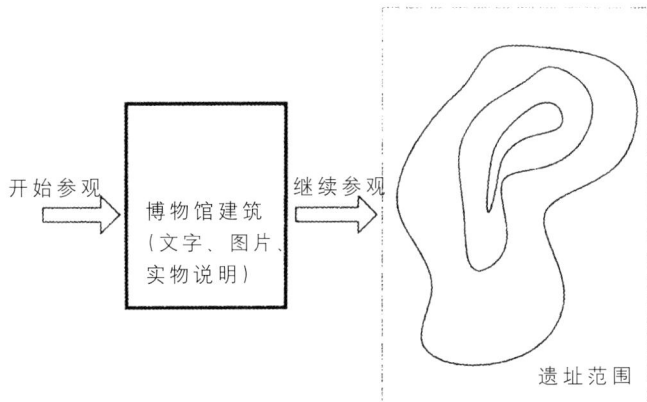

图3-18 景观效果优化原则

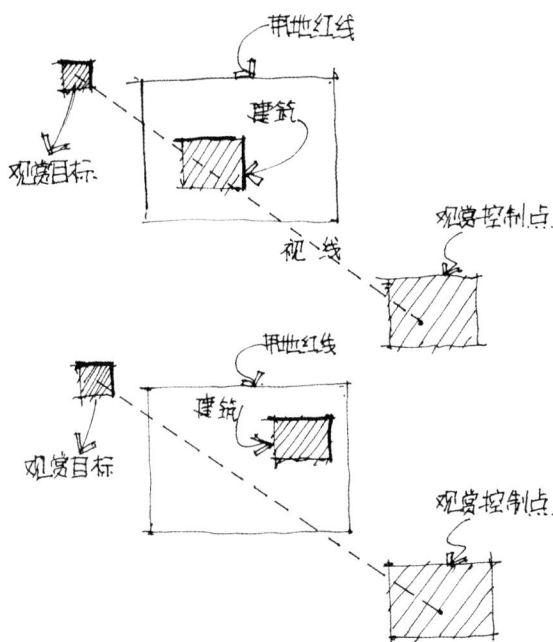

建筑与基地周围之间的关系

图3-19 景观优化原则

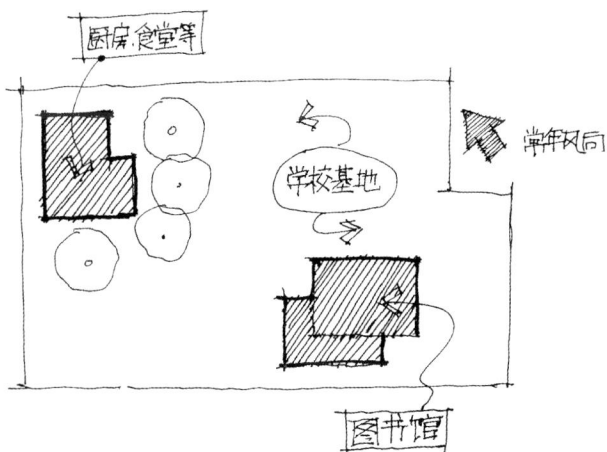

图3-20 物理环境健康原则：锅炉房、厨房宜布置在图书馆风向的下风之处

2．实体布局与基地

实体布局与基地的关系主要体现于建筑物在基地中的位置与基地使用模式之间的关系上。建筑物在基地中的位置一旦确定，那么基地的基本使用方式也就被确定下来。建筑物在基地中布局的位置不同，会导致基地使用模式的不同。从另一角度看，布局与用地模式的关系又是基于建筑物的占地规模与基地自身规模之间的比例关系而确定的。当这二者的比例关系处

于不同的状态时，建筑物在基地中的位置选择也会有不同的倾向，进而整个基地的使用模式也会显著不同。（图3-21）

（1）比例悬殊的情形

这是基地的总用地规模远大于建筑物占地规模的情形，由于用地富余，场地布局呈宽松的基础条件。这种情况下，应注意建筑物与基地之间的组织和控制。建筑物应尽量选择在基地内适中的位置来布置，这样建筑与基地各部分都能有比较直接的关联，也就是说，用地的各个部分都能与建筑物发生比较直接的关系。反之，在用地很大的情况下，建筑物过于接近边角，势必造成与场地关系松散，造成闲置与浪费。（图3-22）

（2）比例适中的情形

这是最常见的情况。这时，建筑物布局组织的自由度是最大的。因为建筑物在场地中的布置可以选择各种形式，既可以布置在中央地带，也可以布置在有

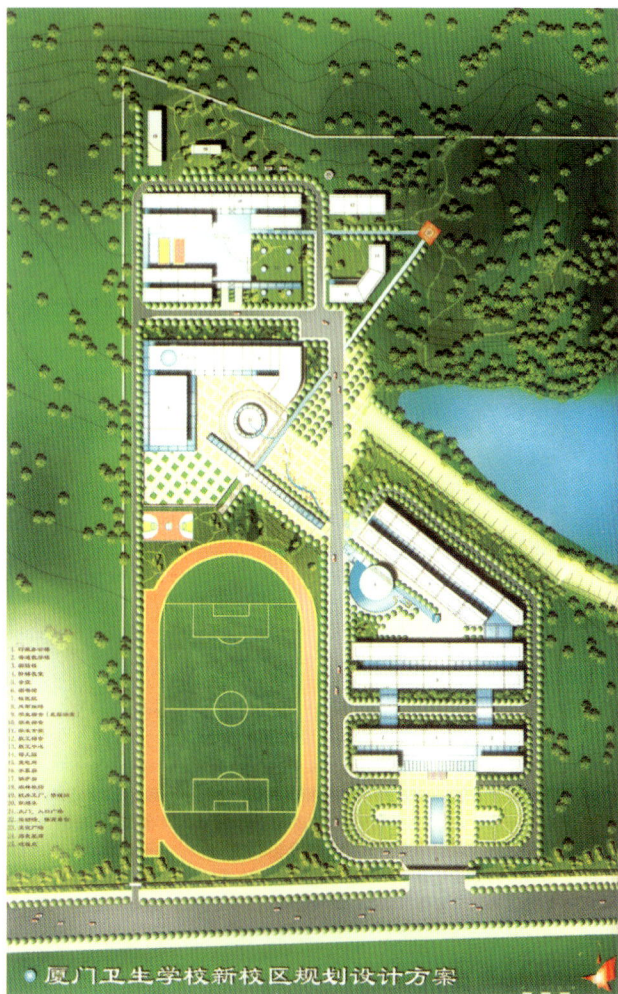

图3-21b　某学校的场地规划，将场地的实体与基地的轮廓进行了协调，取得整体效果

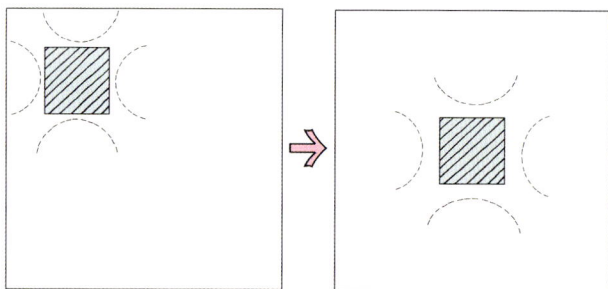

图3-22a　规模比例悬殊时建筑物的布置方式

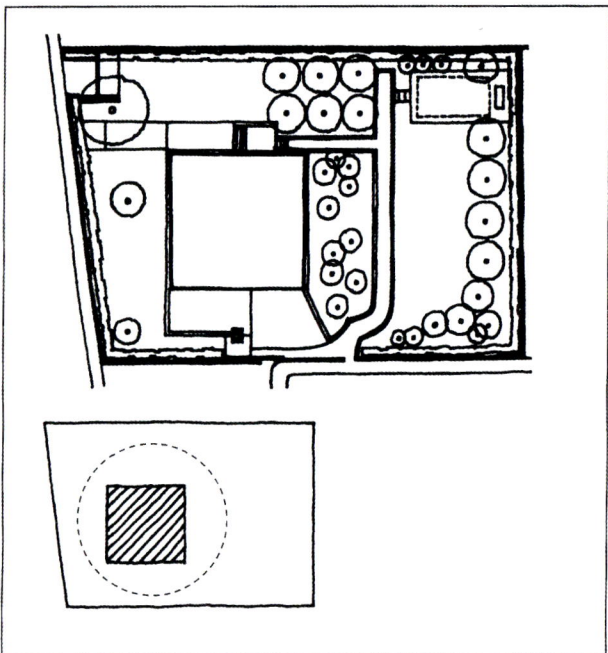

图3-22b　比例悬殊时的实例　意大利卡萨·克伊住宅·索特萨斯设计事务所

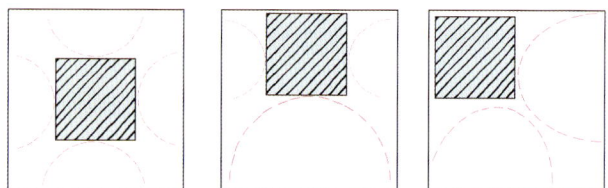

图3-21a　建筑物在基地中的位置影响场地的使用模式

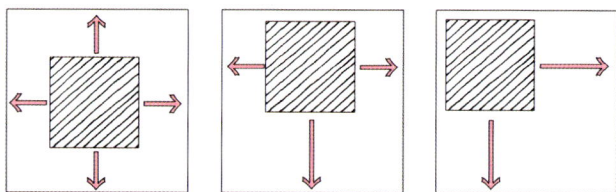

图3-23　比例适中时建筑物的布置方式

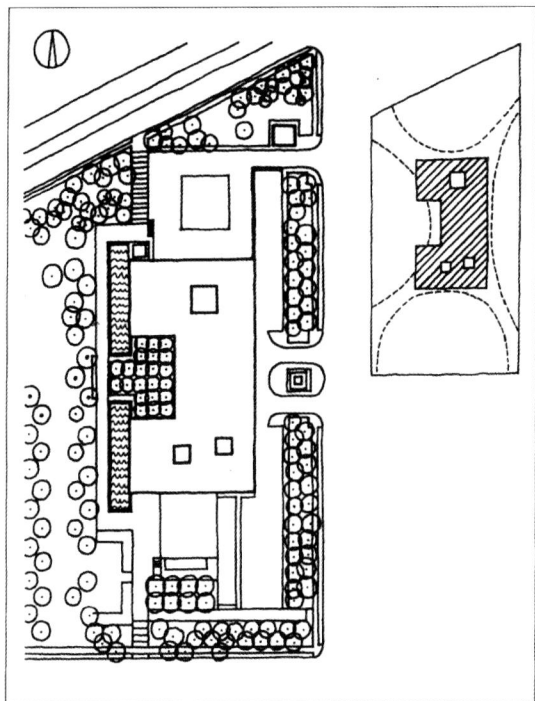

图3-24 建筑物布置在基地中央的实例 金贝尔博物馆 路易斯·康设计

所偏重的一侧，还可以布置在边角的位置。这完全可视建筑物自身的组织要求、其他相关内容的组织要求以及设计者的主观意图而定。（图3-23）

A.建筑物布置在基地中央（图3-24）

B.建筑物布置在基地一侧（图3-25）

C.建筑物布置在边角位置（图3-26）

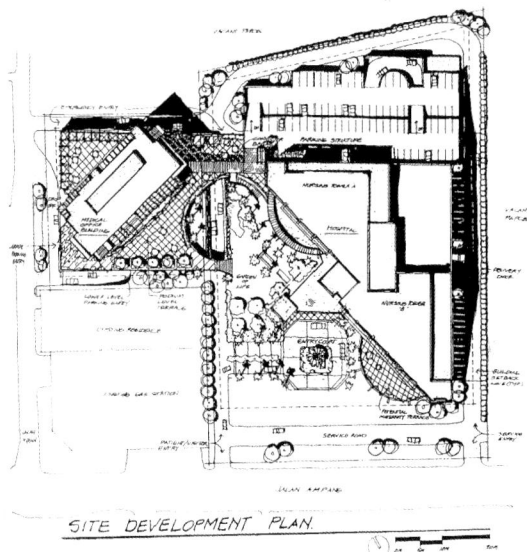

SITE DEVELOPMENT PLAN.

图3-26 建筑物布置在边角位置的实例

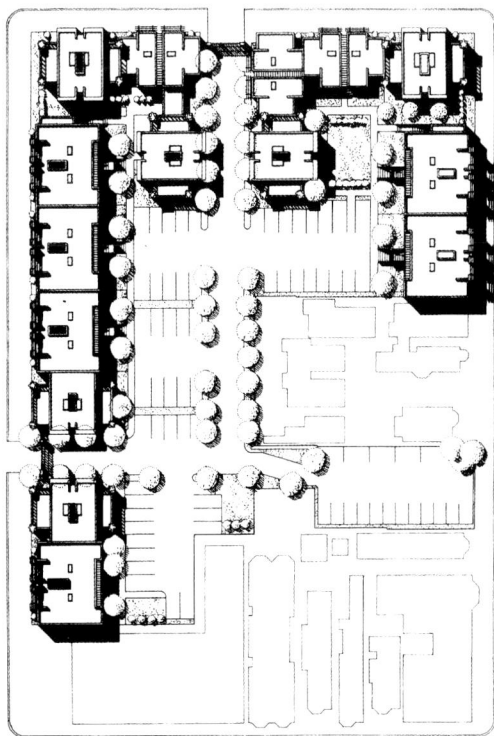

图3-25 建筑物布置在基地一侧的实例

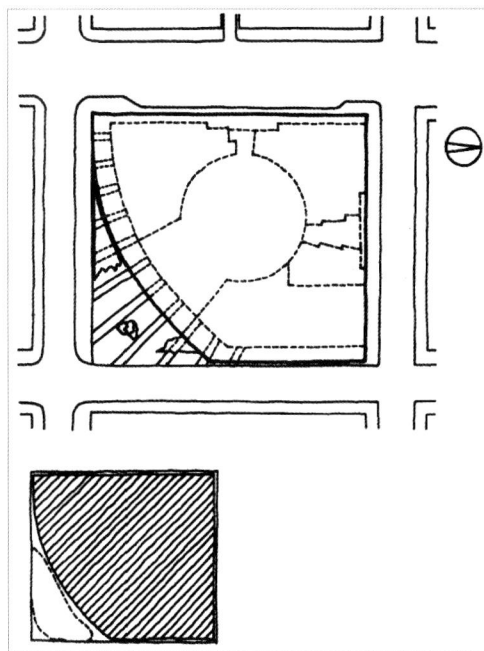

图3-27 建筑物面积与场地比例相当的情形 伊利诺州中心 墨菲事务所

第三章 规划场地——布局思考阶段

景观场地规划设计

73

（3）比例相当的情形

这是建筑物的占地规模与总用地规模相接近的情形。这时用地比较紧张，场地布局的自由度很小。这种情形下，建筑物应尽量靠近某一侧采取边角布置，尽可能使剩余的用地能够集中起来形成一定规模，为其他内容的使用创造条件。（图3-27）

图3-28 实体与其他内容的组合方式

3．实体布局与其他内容（图3-28）

（1）以实体为核心

这种形式中，建筑物布置于场地的中央，其他内容散布在它的四周，二者基本上处于一种分立的状态，建筑物是整个结构体系中的枢纽和结点，成为场地中最突出的存在。这种形式主要有以下特点：

节约用地：场地成为集约式的构架，便于建筑自身的管理；

秩序简明：以建筑物为中心，其他内容环绕其四周；

建筑特征鲜明：建筑的视觉形象大为增强。

然而，这样的布局方式也有其弊端，会使环境过于单调而失去丰富性和层次变化。（图3-29、图3-30）

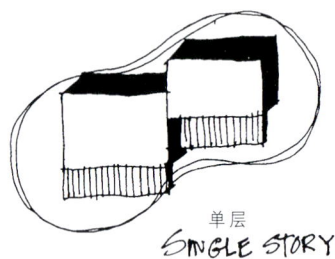

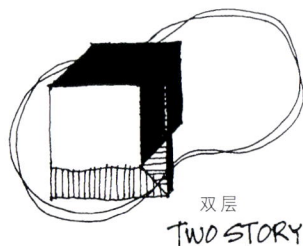

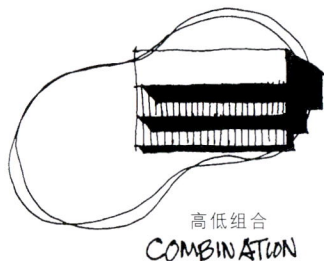

单层 SINGLE STORY

双层 TWO STORY

高低组合 COMBINATION

图3-29 以实体为设计核心的场地特点

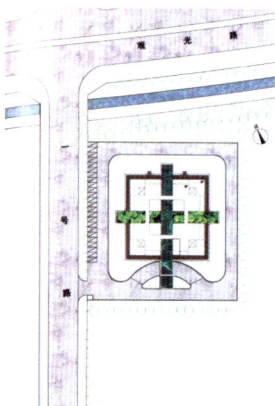

图3-30 实体为核心的实例 光明科技园招商展示中心 建筑设计：余加

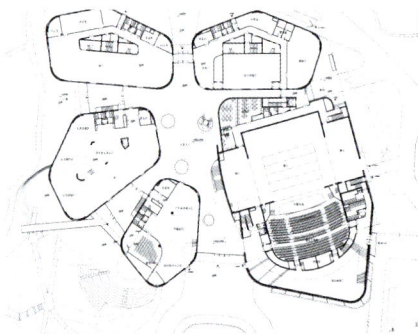

图3-31 实体为核心的实例 北京市青少年宫 北京市建筑设计院：黄薇

（2）相互间穿插的形式

这种布局形式是指实体与其他内容采取的分散的布置形式，它们相互穿插在一起，彼此呈交错状态。它注重的是各种要素之间的均衡，它的主要特点是：

灵活性和变化性是其最大的特点，建筑与其他内容结合得更为紧密，空间层次更为丰富；

建筑体量分散布局有利于与周围相邻场地衔接，使之融合于场地。

这种布局也容易造成场地各部分之间，特别是建筑之间的联系不够紧密，流线过长，造成使用上的不便。（图3-31、图3-32）

（3）其他内容为核心的形式

在以其他内容为核心的形式中，场地的中心不是建筑，而是由庭院、广场、绿化等来作为组织核心。一般情况下，这种形式中建筑以外的内容是场地更为重视的方面。它的主要特点是：

场地各部分特别是建筑之间的联络是通过中央的内容实现的，使建筑与各部分的联系更为紧密；（图3-33）

整体感比较强，比其他布局结构的秩序性更强；

空间倾向于向内的围合性，强调场地自身的完整性。这种布局和第一种布局方式都存在单调感，并且空间过于内向而和外界环境缺乏衔接和过渡。（图3-34）

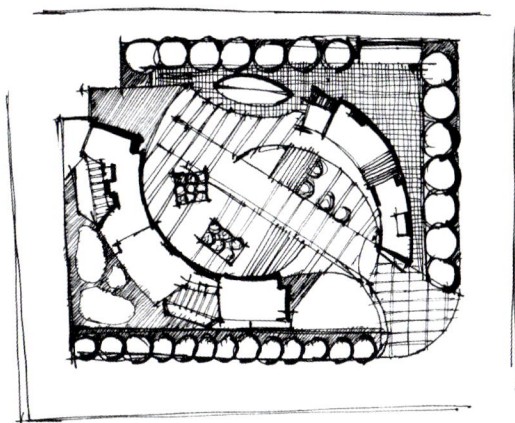

南京蔚蓝之都住宅小区的总平面图

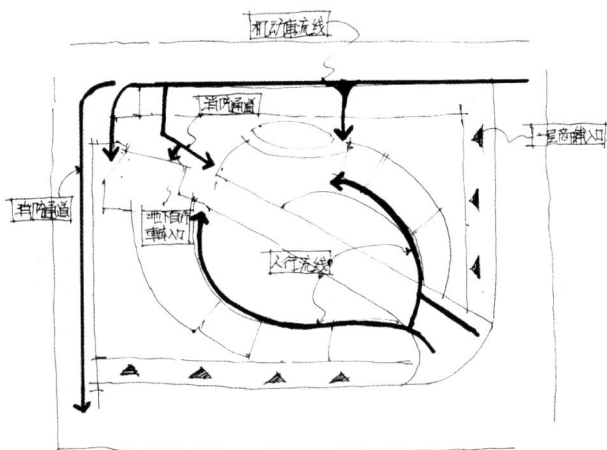

图3-33 南京蔚蓝之都 东南建筑大学及研究院

图3-32 台州书画院创作回顾 李宁

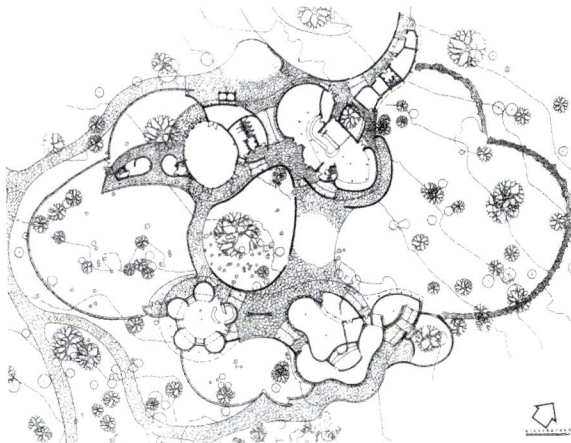

3-34 卡塔丘塔文化中心，澳大利亚 设计者：巴格斯

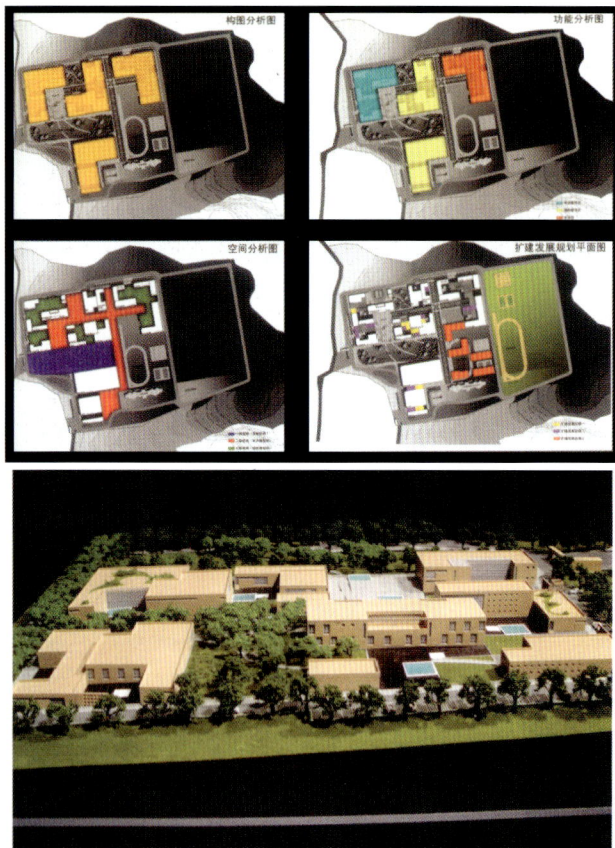

3-35 从生长建筑到流动空间：国家地震经济救援训练基地方案设计．刘文鼎

4．实体形态的规整

各建筑单体与整体形态的主次关系以单元形的变异展开。这样的主次便于统一人们对事物的整体感受，是平面布局形态整体归纳的常用方法。(图3-35)

三、交通安排

结合功能、地形、人流的活动特点，通过对路线的组织，才能得到一连串系统的、延续的交通画面，反映出场地空间的秩序。道路的布局结构同样也体现出场地的功能。

交通组织的重点是如何在场地的各区域之间建立交通联系，或者说考虑的是各部分之间以及他们与外界之间的交通联系形式。

1．流线系统的组织

流线系统的组织是交通组织的主体，也就是组织、安排人员、车辆的流动路线和流动方式。

（1）流线的形式

流线的整体形式分为尽端式、环通式、两种结合

式。(图3-36)

尽端式流线结构：起点和终点区分十分明确。它们的起点可能是联系在一起的，形成支状；也有可能从起点就各自分开，由不同的入口与外部相连。该结构的最大特点是各部分流线明确独立，避免了混杂的情况。(图3-37)

环通式流线结构：各流线在场地中是可以相互连通的，起点和终点不是很分明。由于环通式体系一般都设有多个出入口，而且是相通的，所以这种形式的优点是每条流线均可由一个出口进入，从另一个出口离开，避免了在场地中迂回，有利于提高交通组织的效率。(图3-38、图3-39)

（2）流线的不同类型

场地中的流线从功能上看，可分为使用类流线和服务类流线两种；从流线主体的角度来看可分为人员流线和车辆流线两类。根据实际发生情况的比率，主要分为使用人流、使用车流和服务流线三种类型，这三种类型通常用合流式与分流式进行组织。(图3-40)

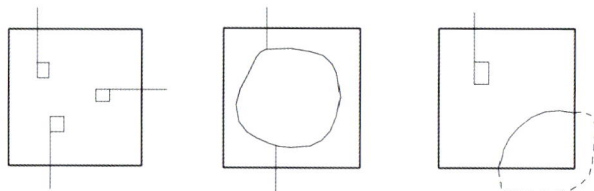

图3-36 流线的整体形式：尽端式、环通式、两种结合式

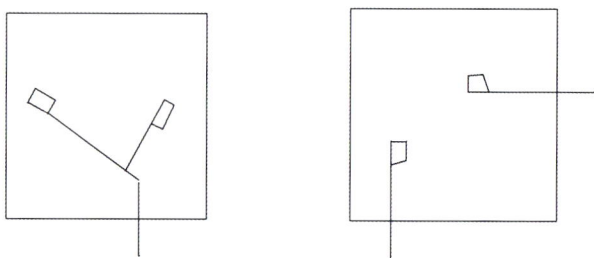

图3-37 尽端式道路流线结构

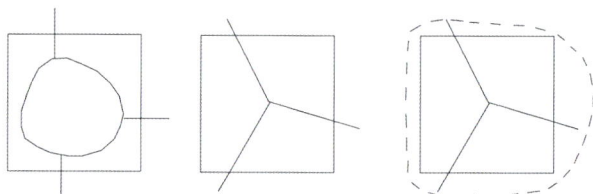

图3-38 环通式道路流线结构

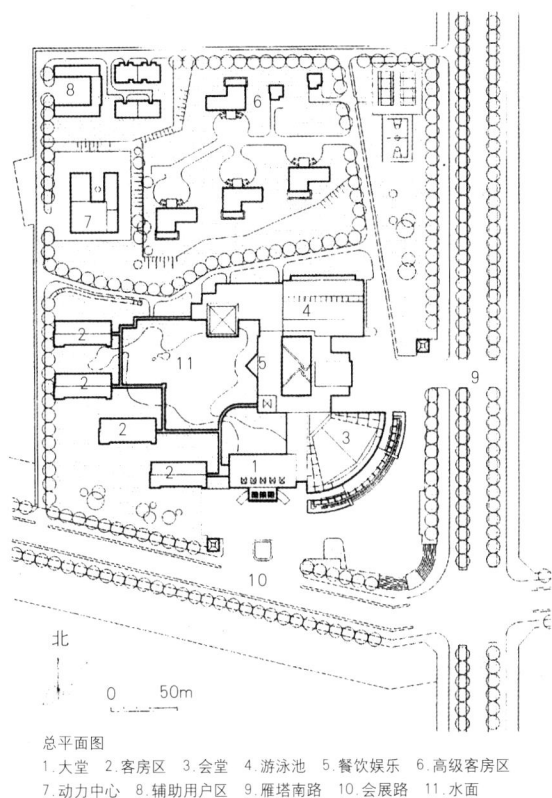

总平面图
1.大堂 2.客房区 3.会堂 4.游泳池 5.餐饮娱乐 6.高级客房区
7.动力中心 8.辅助用户区 9.雁塔南路 10.会展路 11.水面

图3-39 环通式与尽端式道路规划实例 西安国际会议中心曲
江宾馆 中国建筑西北设计研究院 张锦秋

A.合流式组织形式:合流式的组织形式优点是由
于各流线合并组织,整个场地的交通基本由一套通道
系统来控制。这样,整体的交通体系比较简单,较容
易处理。同时,总的交通数量相对减少,其长度也相
应缩短,有利于节约用地,且降低了修路的成本。(图
3-41、图3-42)

B.分流式组织形式:不同流线由各自独立的通道
来承担,各通道用途专一,优点是从根本上解决了相
互混杂的问题。(图3-43)

(3)可达性

道路组织的可达性是指提供一条路线以确保大多
数人可以抵达,由它来联系场地内的主要要素,如场
地空间、停车场、入口、设施和建筑。它必须是连续
且没有障碍的,特别要满足大多数室外场地的消防要
求,即要有一条贯穿主要交通的道路。

可达性的设计原则:(图3-44)

A.停车场应该与它们服务的建筑产生直接联系。
残疾人的停车位到建筑入口的距离不应大于30m(100
英尺)。

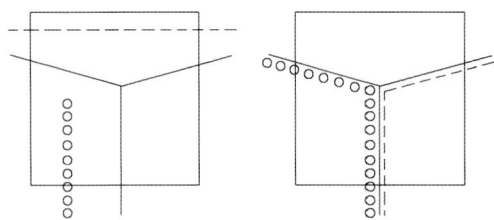

图3-40 流线的不同类型:合流式、分流式

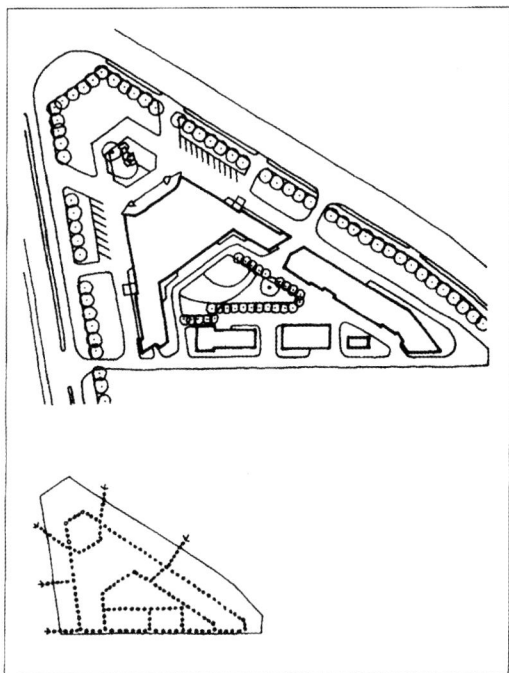

图3-41 不同类型流线的应用实例 合
流式 南方医疗中心 颜嵩月

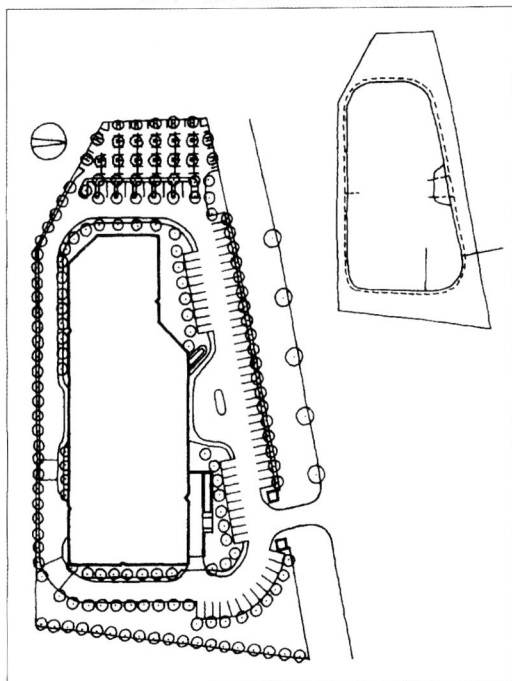

图3-42 不同类型流线的应用实例 合流式
建设银行电脑计算中心B+H设计事务所

B.落客区应尽可能靠近主要入口。在车行道和相邻人行道之间不允许有高差。车辆与落客区、场地入口及停车场的联系要直接。

C.场地入口与它们所服务的建筑和场地之间的关系要明确，从而产生良好的识别性。

D.为到不同目的地的行人提供清晰可辨的指示牌。

E.建筑入口要明确，要为残疾人提供混合式进入

方式（如既有坡道又有台阶）；此处的公共服务设施（如卫生间、饮水器等）要设置在易于到达的通道处；在入口和这些设施之间，不应有高差。

F.等人区应该位于建筑入口90m（300英尺）以内的范围内，避免交通拥挤，要有雨棚等提供遮挡，足够的坐椅和光照也是必需的。

G.休息区应设置在行人必须行走很长一段才能到达的那些地方；要确保休息区不设在过道上。

H.在整个场地中，通道的路线必须明确而直接，路面要坚固而平坦；必要时可以设置坡道或者削平路边石；具有可达性的通道是封闭的环行路，而不是尽端路。

2.停车系统的组织

停车系统是场地交通体系的重要组成部分之一。停车系统与流线系统的关系十分密切。在考虑车流及人流关系时，不可能不考虑车辆的停放问题，而停车系统的组织更应照顾到流线的组织要求。

停车系统的组织包括停车方式的选择和布置方式的选择两个层次的问题。停车方式的选择是指停车场的某种类型之间的选择，如是采用地上停车还是地下停车等等。布置方式的选择是指停车场在场地中的位置选定，如是位于内部还是位于外部，以及场地整个停车系统的集中、分散的布置形式等。

（1）停车场的类型

随着居民经济水平的提高，小汽车大量进入居民区，在实际建设中，对停车方式的选择有很大的随意性。停车方式主要是路面停车、组合式停车、住宅底层停车等几种，在实际组织中应根据不同情况选择相应的停车方式。（图3-45）

根据对多种路面停车形式的调查结果统计，路面停车的车位用地平均为16，是最常见的形式。其优点是：其一，它在场地中一般是独立存在的，平面布置

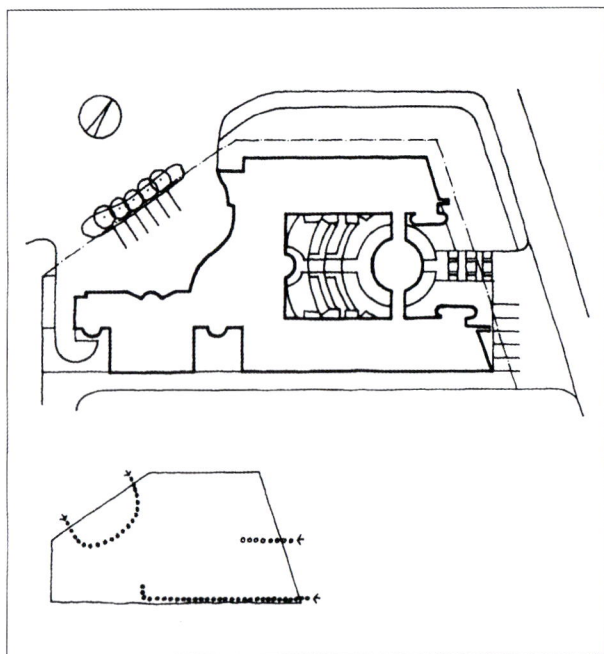

图3-43 不同类型流线的应用实例：分流式 明华船员培训中心（蛇口）崔恺

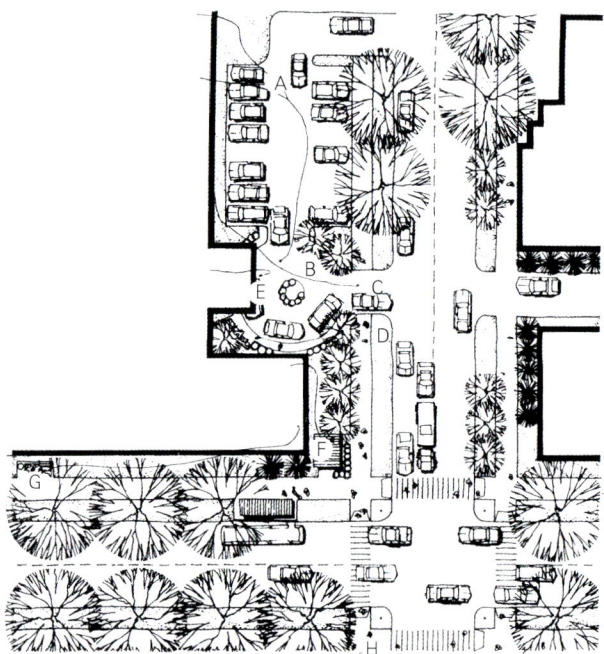

图3-44 可达性的运用实例：保证所有的人都可以不受干扰地抵达目的地

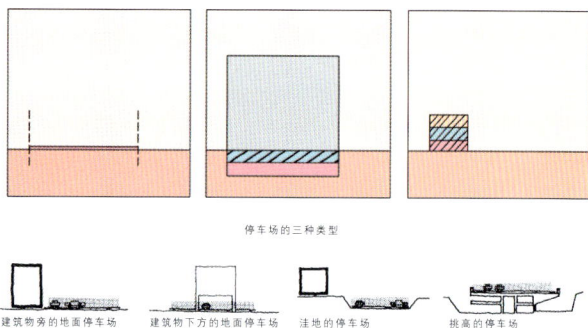

图3-45 停车场的类型

最容易;其二,由于布置在地面上,与场地内流线体系的连接最为直接,车流与人流方便进出;其三,这种形式构造简单,修建容易。地面停车场是一种最为基本的停车方式,在绝大多数场地中都是需要的。全部采用路面停车的居住区,停车面积在道路总面积中所占比例一般不超过40%。受道路用地指标限制,多层住宅区以及多高层混合住宅区可供路面停车的适宜面积分别为1.2m²/人和0.8m²/人。

组合式停车场:将停车场与建筑物等其他内容组合起来统筹考虑,是比较常见的一种形式。特别是位于建筑物之下的地下停车场在高层建筑的场地中尤为常见;可以说这是高层建筑场地中解决停车问题的主要方式;多种原因综合在一起,地下停车场就成了最佳的选择。地下停车场可采取放到绿地、广场下,或者建筑物架空的底层、建筑物的顶层等多种形式,可在有限的用地中解决大量停车的问题。但立体式的布置,使车辆进出变成了一种上下运动,会增加停车场与地面车流衔接的困难,没有路面式停车场衔接顺畅,构造也相对复杂,需要坡道等辅助设施,造价也是较高的。

地下车库:利用大面积绿化或广场的底部作车库。其优点是停车面积极大,能充分利用土地,停车相对集中,便于统一管理,同时减少对居住环境的噪音影响;缺点是增加了停车与住宅之间的步行距离。这种停车方式在设计中要注意车流与人流的分离,停车场出入口不与人群混杂;机动车停车场(库)应采用集中与分散相结合的布局方式,同时注意步行路与住宅出入口及区内步行系统相联系,以创造良好的居住环境。

独立的多层停车场(多层车库):是较为特殊的停车方式。这种方式比较独立,完全可以仅按照停车要求来进行组织,自身的平面布置容易,造价低,同时能满足停车量大的要求,更重要的是可以减少对场地面积的占用。它常常用于需要大量停车的场地中,比如大型的工厂,城市开发项目等等。

(2)停车场的布置方式

停车场在场地中的布置方式可以通过几个侧面来分析。一是停车空间的整体划分与组合形式:是集中在一起的,还是分散成几个部分,这可以说是停车场的聚合状态;二是停车场的位置选择:是位于内部还是临近外侧,是位于中央还是位于边缘,是位于前部还

是位于后部等;三是停车场布置与车流的组织方式以及与整体的人车流的组织方式之间的关系。

对停车场布置方式的分析主要以地面停车场为具体对象,更容易发现问题的本质,而各种类型停车场的一般原理和规律都是一致的。(图3-46)

A. 集中式停车场

优势:有利于简化场地的流线关系,人车活动分区明确;用地划分更倾完整,有利于提高用地效率;场地整体的内容组织形态得以简化。

劣势:一是简化容易过于极端而不切实际;二是在场地内容组成比较复杂时,容易造成停车场与场地结合不紧密的情况,延长了驾车者的步行距离,反而会影响场地的留线组织;三是面积过大造成硬化面过于集中,景观效果不能保证。

总的来说,在一般规模的场地中,集中式停车场还是很适用的。这时场地规模适中,用地条件适宜,停车量不大,最宜发挥这种形式的优势。(图3-47)

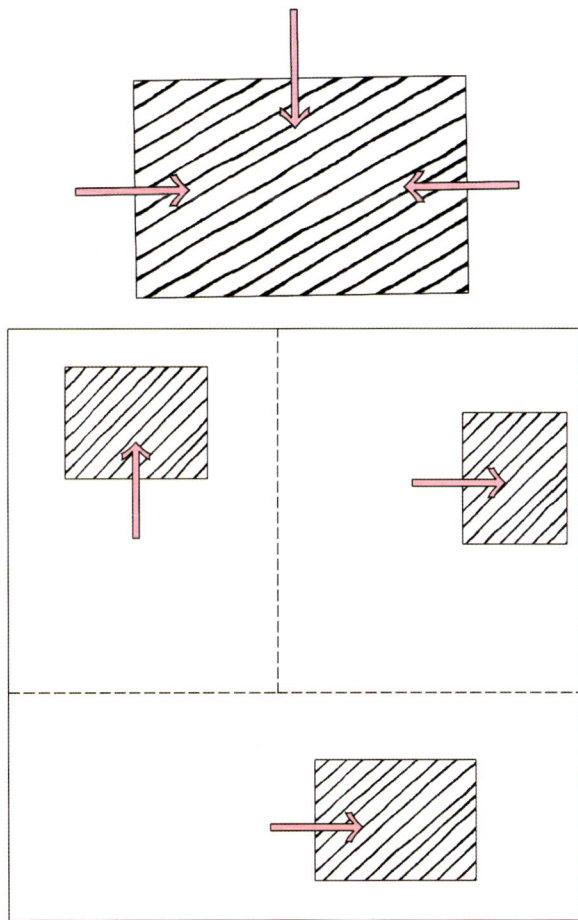

图3-46 集中式停车场与分散式停车场

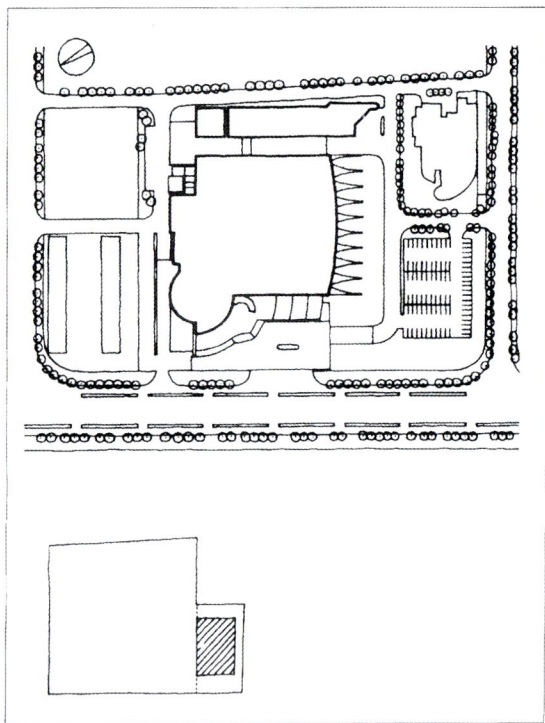

图3-47 集中式停车场的实例:临沂游泳馆(上海)
漆安彦等设计

B．分散式停车场

它是一种将全部停车空间分成几个部分分别布置
到场地不同位置的形式。一是为不同使用者服务,使
不同性质的流线更容易区分开来,场地流线体系划分
更细致而具体;二是将不同要求的停车场分开设置,
缩短步行距离;三是从景观效果来看,适当分散设置
可使每块停车场都有比较合适的尺度,易于与其他内
容的形态相协调,同时也避免了用地的浪费。总之,这
种布置形式更具弹性,适应性也更大,在停车数量较
大时尤其适用。(图3-48)

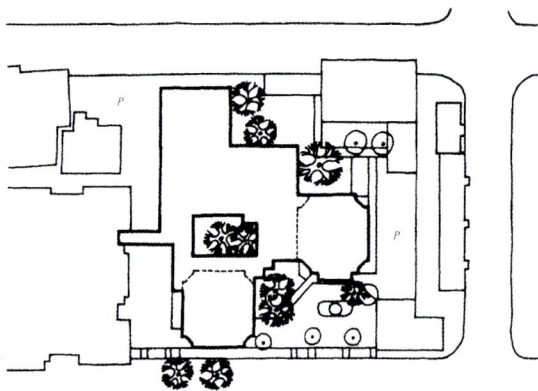

图3-48 分散式停车场的实例

(3) 停车场的位置选择

它涉及两个方面:一是停车场在基地中的方位,
二是停车场与其他内容的方位关系。(图3-49)

靠近场地外侧的停车场,便于停车场接近场地入
口,车辆进入场地后马上导入停车场,减少场地内部
的车流量。不利之处是要解决人、车流线转换的衔接
问题。

以建筑物为核心的场地中,大多数情况下建筑都
有主要朝向,停车场布置在场地的前方是比较方便
的。因为多数情况下建筑物主要入口以及基地的主要
入口均会设置在这一区域,将人车流线的转换结点布
置在这里既方便使用又对内部的干扰最小,只要注意
避开在此地的人流与车流即可。另外,从景观的角度
来讲,停车场是一个消极因素,设置前应考虑怎样把
这种消极因素转化为积极因素。

综合上述几方面的要求,停车场布置在建筑物的
侧面或正面入口的两旁位置会更好;特别是在基地有
几边临近外部道路时,建筑物及场地的主要朝向一般
会向主要道路一侧,这时停车场布置在侧面尤为有
利。另外,如果不存在流线衔接的问题(比如建筑物
可开设专门的通向停车场的入口),那么,将停车场布

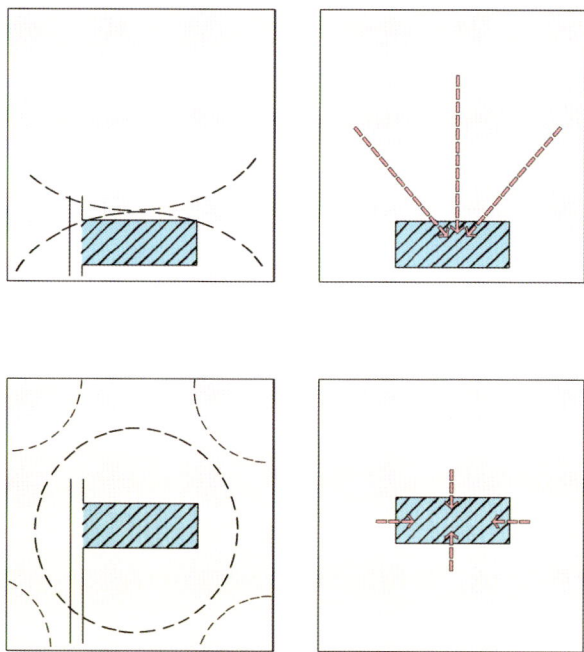

停车场布置在场地的边缘或内部

图3-49 停车场位置选择的两种方式对场地的影响示意图

置在场地的后部、建筑物的背部也是可行的，这样停车场的隐蔽性更好，虽然不利于外来车辆，但还是可以用其他方式解决的。

四、绿地配置

绿地同样是构成场地布局的重要组成部分，应将它有机地组织到场地的整体结构中，不应该在其他内容布置完以后再进行填充式的设计。从使用上来看，建筑物以及交通系统的功能要求更趋"硬"性，因而在布局时它们体现出了更多地规定性；而绿地的功能制约更趋"弹"性，配置方式更为灵活。这是绿地配置的一个突出特点，起到对场地视觉景观的平衡、丰富和完善的作用，也是维系场地整体性的重要手段之一。

1．绿地配置的用地形态

在场地设计的布局思考阶段，绿地配置的任务是确定其基本的配置形态。

（1）绿化用地的整体规模

由于在场地设计中用地是一个有限的定值，一项内容占地的大小关系着其他内容的用地情况。对于绿地而言，其整体规模的确定在上述这一基本原则之下又具有一些特殊性。大多数的情形是：如果用地条件较为宽松，那么绿地的整体规模相对较大；反之，如果用地条件较为紧张，绿地的规模就相对较小。因此，绿地整体规模的确定更多的是表现出受其他内容占地规模制约的一面，更多的体现出被动性。因此，进行场地的用地划分在一般情况下都应尽量扩大绿化用地的整体规模，这是确定绿化用地规模的大前提。

保证绿化用地整体规模的基本手段：其一，在进行场地的用地划分时，给予绿化以主体地位，把它作为并列的内容同其他内容一起"积极"考虑，使其用地规模得到保障。其二，在考虑其他内容的基本布局形式时，应尽量选择占地较小的形式节约用地。例如停车场，它是与场地中的绿化"争地"的主要内容。其三是充分利用基地的边角地块，在其他内容的组织中穿插布置绿化以减少人工构筑物对场地的覆盖程度，提高绿化用地比例。（图3-50）

（2）绿化用地的分布形态

在绿化用地总体规模一定的前提下，其分布形态基本上有集中和分散两种。集中的分布形态是场地中大部分的绿化用地都集中于一处，形成较大的完整地块，分散的分布形态是全部绿化用地分布于基地的各处，每一块的面积都相对较小。集中的分布形态能够有效发挥绿地的功用，特别是场地处在城市环境中时，较大面积的成片绿地效果尤其显著。（图3-51）

绿地的配置，无论规模大小，都应注重绿化用地在基地中的位置，应将其结合到其他内容的布局中考虑，以达到更优化的效果。

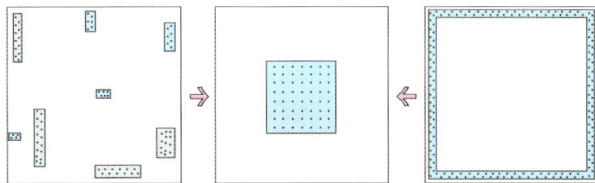

图3-50 绿化用地的集中原则

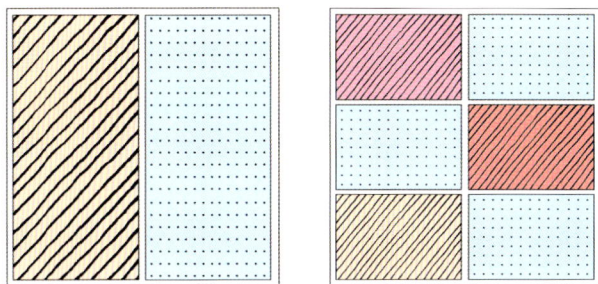

图3-51 绿化用地的两种分布形式：集中和分散

2．绿地配置的基本形式

由于没有过多的规定，绿地在场地中的配置形式是十分自由的，其中存在着多样的变化和可能性。基本归纳为三类：一种是边缘性的绿地；二是小面积的独立绿地；三是具有一定规模的集中绿地。这三种形式结合起来运用，共同构成场地的绿化景园系统。（图3-52）

（1）边缘绿地

边缘绿地是一种最基本的形式，几乎所有的场地中都会有一些边角用地可供布置这种形式的绿地。比如建筑物与基地边缘之间形成的空地，道路两旁的边缘等，这种绿地具有普遍性。（图3-53）

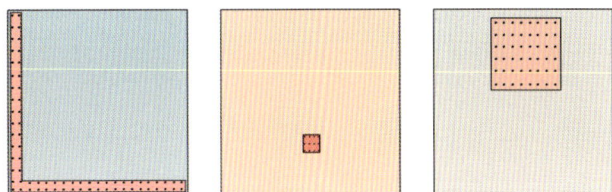

图3-52 绿地配置的三种形式

由于具体的尺度、规模和所处的位置不同，单独来看每一块边缘性绿地所起到的作用是较为有限的，但是小面积的绿化同样能丰富景观，至少对于场地的局部情况是大为不同的。而且边缘性绿地常常是构成场地绿化的基础，每块的作用虽然有限，但整体来看同样能构成场地的绿化背景，所以不容忽视。在设计中尽力挖掘场地布局的潜力，尽量扩大边缘性绿地的面积。（图3-54、图3-55、图3-56）

（2）独立绿地

独立绿地是指小规模的绿化景园设施，如花坛（花境）、小块草地和孤植树木等。因为它们在场地中呈现出点状形态，具有独立的性质，所以称为独立绿地。它具有很大的灵活性，用地不大又能取得良好的效果，最常出现在建筑物的入口、基地的入口等处，还出现在建筑物所围合的天井、院落之中，并且常和其他内容结合共同组织交通，具有景观和组织场地的双重功能。（图3-57、图3-58）

（3）集中绿地

集中式绿地是绿地配置最有利的形式，绿地的多重功能在这种形式中体现得最为充分。集中式绿地都具有一定的规模，一般都是可以进入的，并且包括一些设施。它对场地景观具有决定性的影响。并且，作为与建筑物和其他内容形式比重相当的平衡要素，它是场地布局的组织核心。（图3-59）

一般情况下，在公共性的场地中，集中绿地也多为公共性、开放式的，或靠近基地外边界布置，或临近场地内的主要人流路线，以吸引更多使用者进入其中，充分发挥它的作用。而在住宅等类型的场地中，集中性绿地主要供内部的使用者使用，所以多会强调私密和安静，注重围合感、封闭性和内向性。（图3-60）

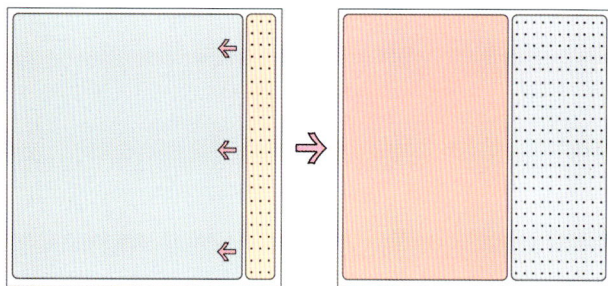

图3-54　尽量扩大绿地的整体规模

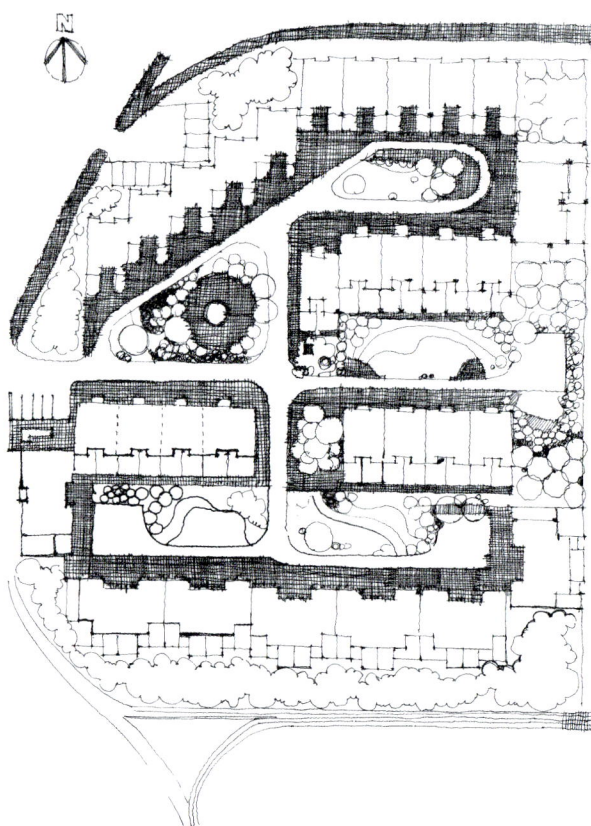

图3-55　边缘绿地的应用实例：北京恩济里居住小区

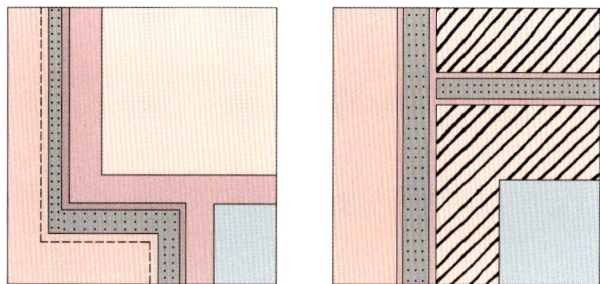

图3-53　边缘绿地的基本位置

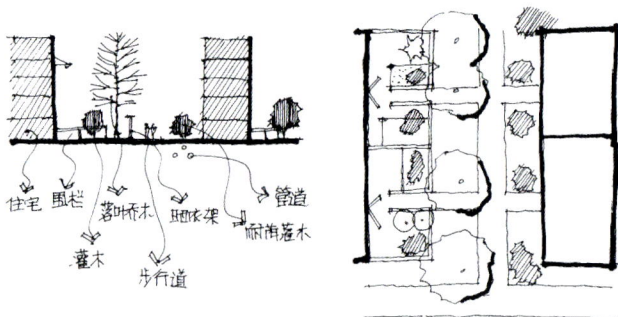

图3-56　边缘绿地与建筑的关系

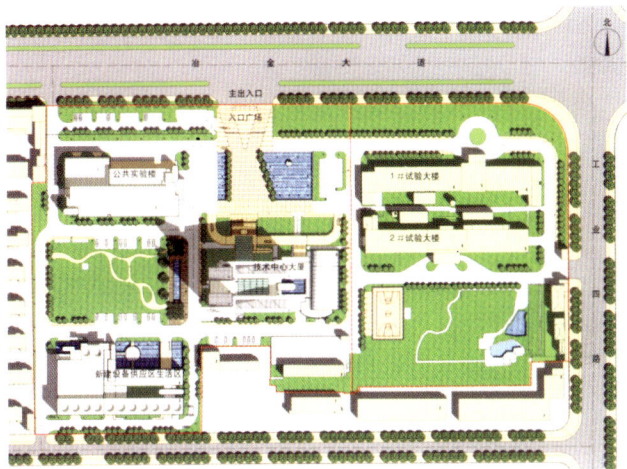

图3-58　独立绿地的应用实例
武钢技术中心系统工程　同济大学建筑设计研究院高新建筑技术设计研究所

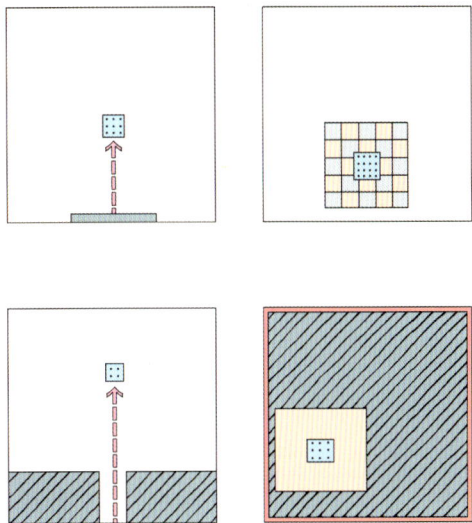

图3-57　独立绿地的一般位置

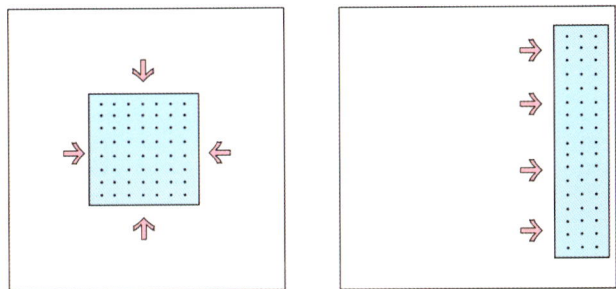

图3-59　集中绿地的布置方式

图3-60　集中绿地的应用实例：宪兵司令部　大凡工程顾问有限公司

第二节　改善内容

改善内容主要是指在布局完成后，对场地中细节元素的深入设计。关于场地形态研究的内容可以归纳为五种元素：道路、界面、节点、标志物和植物。它们总是不断出现在各种不同的环境意象中。

一、道路

"行走在道路中"已经成为人们的习惯，是我们在环境中潜意识里首先寻找的对象，它是一个场地中的主导因素，可能是机动车道、步行道、长途干线、隧道或是铁路线，空间以及其他环境元素都是沿着道路展开布局。道路中的特殊用地和活动的聚集处，会在观察者心目中留下极为深刻的印象。典型的空间特性能够强化道路的意象。

景观场地内相关的道路形式主要有：

主路：从场地入口通向全园各景区中心、主要广场、主要建筑、主要景点及管理区。路面宽度为4～6m，满足较大的人流量及少量管理用车的要求。

次路：为主路的辅助道路，分散在园中各分区以内，连接各区内景点。路面宽度为2～4m，能通行小型服务车辆。

游憩小径：主要供居民散步休息之用，也有引导游人深入到园中各角落的作用。线型自然流畅，路面一般宽1.5～2m。

以下主要从车行和人行这两个方面来讲述场地对道路的相关要求。

1. 车行道

车行道分为机动车道和非机动车道两类。

机动车道需要达到具有承载消防道路功能的要求，同时，还要考虑停车、回车等场地基础设施。非机动车道（用于自行车、滑板等）的引入给场地带来很多人性化的体验，更多为低年龄层次的人群使用，因而展现出生活的多面性，更生动地体现着场所感。

（1）平面要素

道路平面要素包括下述一些技术要求：道路宽度、转弯半径、道路交叉口、道路与建筑的距离、道路尽端回车场。（图3-61a）

道路宽度：道路的宽度一般由通行车辆的种类和交通量来决定的。结合景园设施布置，其宽度应视具体要求而定，变化性很大。从生态的角度，要避免道路过宽，有效缩减场地不透水的硬地面积，同时也为绿地留出空间。以下几点需注意：

单车道宽度3.5m以上，双车道6～7m；

《民用建筑设计通则》中规定：考虑机动车与自行车共用的通道宽度不应小于4m，双车道不应小于7m；

消防车道的宽度不应小于3.5m；

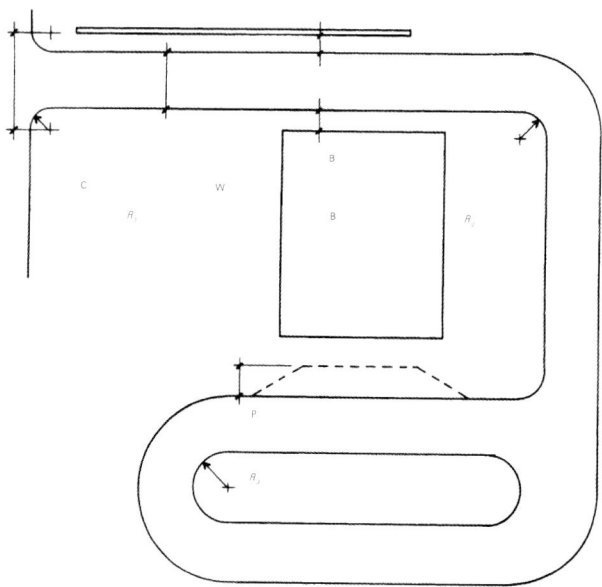

人行道宽度视具体情况而定，设在车道两侧的人行道宽度一般不应小于1.5m。

转弯半径：是指道路在转弯或交叉口处道路内边缘的平曲线半径。从行车要求来说，采用较大的转弯半径比较有利。一般情况为：车流量大转弯半径大，车流量小转弯半径小。（图3-61b）

对于小型车，道路的转弯半径不应小于6m；

对于大客车，道路的转弯半径不小于12m；

货车、中型车的转弯半径不小于9m，而重型车要求12～18m；

道路交叉口：为确保行车安全，要注意保证会车视距不小于20m。在视距范围内，确保视线畅通，不应设置任何可遮挡视线的物体，如建筑物、围墙、树木等。（图3-62）

道路与建筑的距离：表3-1。

消防车道净宽和净高都不应小于4m。在尽端式建筑的端部，应设置回车道便于车辆掉头。回车场的尺寸不宜小于12m×12m，大型车为15m×15m。（图3-63）

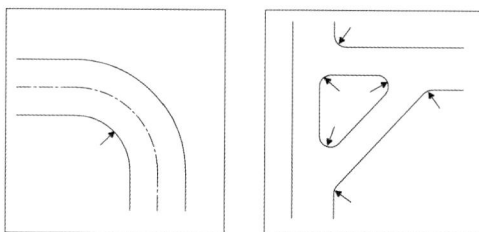

图3-61b 转弯半径

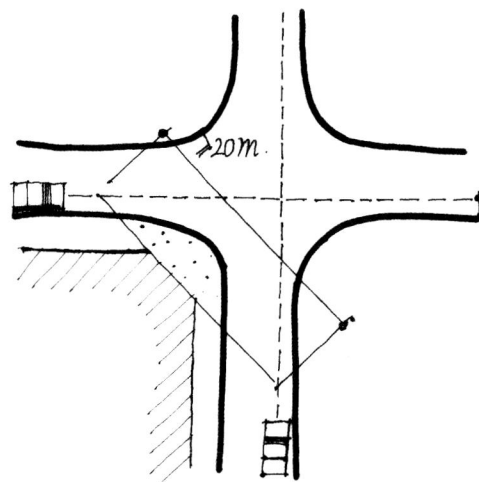

W＝快车道宽度。依据车辆的大小以及是单向交通还是双向交通。单向交通的最小宽度是9ft（2.7432m），双向交通的最小宽度是15ft（4.572m）。
R＝转弯半径。依据车辆的大小，以及车辆行驶速度，小汽车的最小转弯半径：R₁=6ft（1.8288m）R₂=10ft（3.048m）R₃=15ft（4.572m）。
C＝路边石间距。与街道业主接洽，依据其他邻近的截面，街道转角以及其他因素限制。
B＝缓冲距离。如果车辆继续停留在快车道上，可以防止其碰撞路边的物体，车辆悬置需要超出路边石之外的空间，修建的快车道空间更宽一些，要超出铺路材料暗示的边缘，没有确定的度量，只是依据车辆的大小和需要保护的领域而定。
P＝退后。退后车辆宽度的1.5倍，以保证狭窄通道畅通无阻。

图3-61a 道路的平面要素

图3-62 道路交叉口的视线保证

表3-1 道路与建筑的距离参考表

类　别	最小距离
1．无出入的建筑外墙面	1.5m
2．建筑物面向道路一侧有出入口，但出入口不通行汽车	3.0m
3．建筑物面向道路有汽车出入口	6.0~8.0m
4．栏杆、围墙、树木等	1.0m

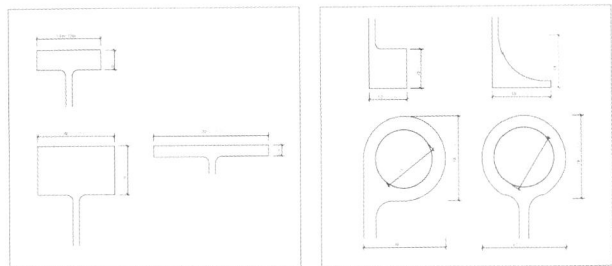

图3-63　尽端回车场宽度

（2）剖面要素

道路的剖面形式包括道路纵、横断面形式的选择以及道路纵、横坡度的确定等内容。（图3-64、图3-65）

A．道路的横断面

第一种方式：当场地对道路的外观要求较高时，可在两侧设置路沿。如果道路两侧有人行道时，通常也设有路沿。路沿主要起到防止路面破碎、集中排除雨水，在一定程度上控制车辆侵入人行道等功能。但是，路沿对于场地的生态是一种消极影响，因为它中断了自然的地表排水路径。

第二种方式是以低平地段取代路沿，可在水流速度较低时，分散水流，但不能保证降水量大时的排水效率。

第三种是以路肩保护路面，将基层扩展到路面以外15~20cm，采用明沟排除雨水，两侧不设路沿。

B．道路的横向坡度

横向坡度由路面的类型、行车的方便性、是否有利于排水、路面的纵向坡度以及当地气候条件等因素来决定。一般情况下，水泥混凝土和沥青路面的路拱横坡可取1%~2%，其他块石路面可取1.5%~2.5%；

更低级的路面，其坡度值更大一些，比如砂石路面一般在2.5%~3.5%，而土路面的横坡则要达到3.0%~4.0%。

当车道两侧设有人行道时，人行道的横坡一般都采取倾向路沿的直线斜坡形式，坡度的大小应该是既能满足排水的需要又要使行人行走舒适；在不同的降雨强度和采用不同的道路面层铺装材料条件下，坡度一般可在1.5%~2.5%之间选择。当道路旁设有绿化时，其坡度不应过大以防止植物根部的土壤被冲刷，一般可取0.5%~1.0%。

C．道路的纵断面

场地道路的纵断面应能提供良好的车辆行驶条件和排水条件，而且应该放到场地整体的竖向设计的背景中来考虑，一般不应大于8%。

坡较大时，应避免长距离的上坡或下坡；当纵坡

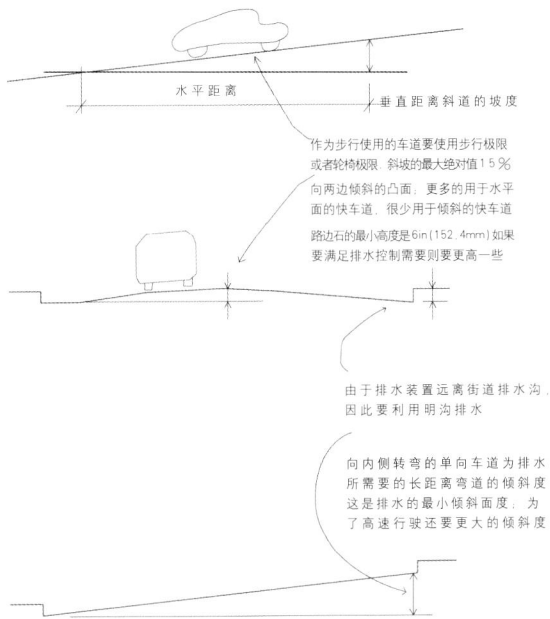

图3-64　道路剖面要素

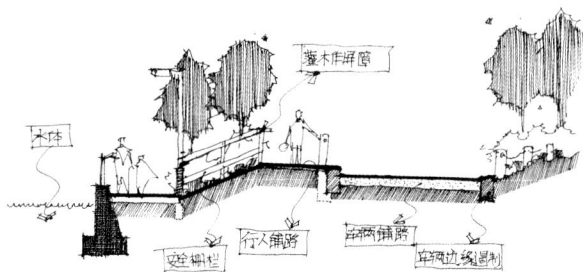

图3-65　常用的道路剖面要素

超过 5% 时，坡长应低于 800m；超过 7% 时，坡长应低于 80m。

道路不应出现频繁的坡度变化，变坡点的间距应在 50m 以上。

为保证雨水顺利排除，有必要设置一定程度的道路纵坡。

联系不同高度的区域，除采用台阶之外还可以采用坡道。特别是在无障碍设计时，如果以台阶作为主要的连接方式，那么需在附近设置坡道，以方便残疾人通行。与台阶相比，坡道既有优点也有缺点。坡道比台阶的整体坡度要平缓得多，它使不同高度区域之间的过渡更为自然，行人可以连续地穿越不同的区域，行为更加自由。但在空间狭小之处不宜使用。

（3）停车布置

停车布置设计有以下技术要求：单位停车位的尺寸，停车单元布置的任务以及出入口通道的相关要求等内容。（图 3-66、图 3-67）

在场地中，根据功能需要，预留一定的停车场是很有必要的。关于停车场的设计要点主要有以下几个方面：

车辆停放的形式（布局方式、车辆行退方式）；
车位的尺度（车位宽度、车辆进缩宽度）；
地面形式（铺筑方式、尺度）；

隔离带及填充物形式；
地下车库形式。

A.出入口的位置确定

一般来讲，停车场都处在相对封闭的空间场中，设计师主要根据对人流量的控制以及场地在区域环境中的交通条件来确定场地的出入口，将人流交通方便的方向和连接城市主干道方向设为主要入口。在尺度较大的场地中还备有两个以上的入口。

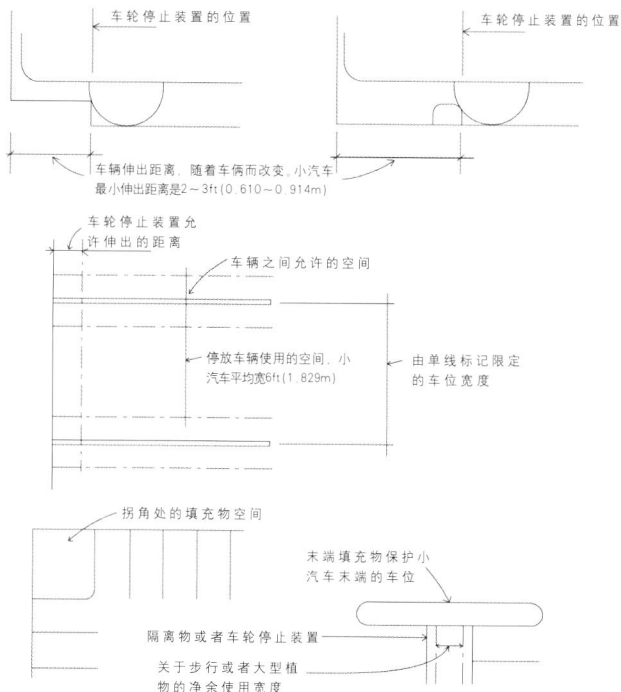
图 3-66a

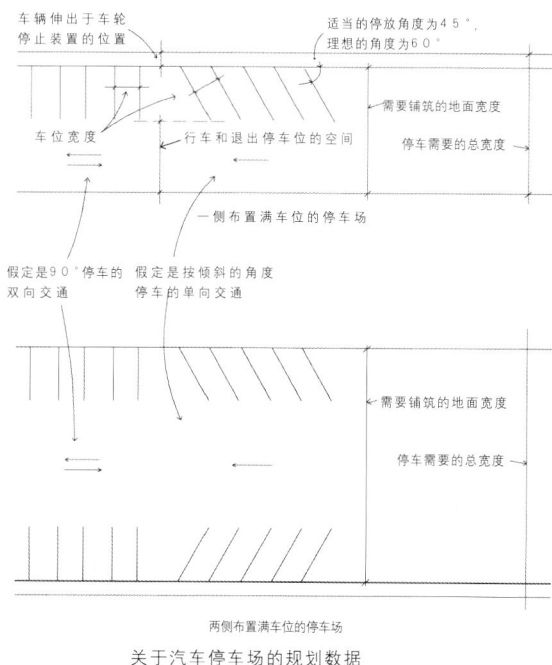
图 3-66b　停车场的设计要素

图 3-67　停车场各要素的运用

在开敞的城市空间场地中，要考虑道路对场地的引入和屏障，引入道路的方向、尺度、形态是空间性质的重要指标。

对于地面的公共停车场，当停车位的数量大于50个时，需设置2个以上的出入口。当停车位的数量大于500个时，出入口的数量不得少于3个，而且出入口之间的间距需大于15m，以保证其均匀分布。地下停车场的车位数量大于25个时，应设置至少两个出入口。

停车场出入口坡道的横向坡度，若为直线坡道时，应控制在1%～2%；若为曲线坡道，则应保持横向超高，取5%～6%。坡道的纵向坡度一般情况下应采用表3-2、表3-3给出的数值。地下自行车库坡道一般为12%～14%，超过上述坡度时应设人行踏步，在踏步边缘设置坡道。车行坡道与地面相交处需设置近于平直的缓坡段，目的在于防止在坡道坡度较大的情况下，车辆驶出坡道时车盖遮挡住驾车人的视线。这样的缓坡段也能防止在坡道与地面相交处车辆的前后挡与地面相碰撞。缓和坡段的坡度一般为坡道纵坡的一半，长度为3～6m。

停车场出入口应做到视线通畅，使驾车人在驶出停车场时能看清外面道路上来往的车辆和行人，以保证行车安全。因此在出入口后退2m的通道中心线两侧各60°角的范围内，不应有任何遮挡视线的物体。

停车场内的通道应保证行车顺畅，若有曲线弯道，其最小平曲线半径应按表3-4取值。（图3-68）

B.平面尺寸

对于地面停车场，一般小汽车的车位面积可取25m²～30m²，地下停车场每个停车位可取30m²～40m²。相关规定见表3-5。

有关停车场的布置，首先应明确停车位的平面尺寸。停车位宽度一般至少应为2.8m，如果用地不太受限制，采用3m比较理想。停车位的进深一般取6m即可。在停车场边缘及转角处的停车位应更大一些，比正常宽度宽30cm。在架空建筑物下面的停车位宽度应为3.35 m（净高应在2.1m以上），而且在布置时应注意柱子等对车辆进出的影响。停车场的停车带尺寸与停车位的角度选择也有关系。（图3-69）

停车场的平面组合方式应根据停车数量的多少、场地中的交通组织以及停车场的平面尺寸等因素决

表3-2　停车场出入口坡道的宽度（m）

行驶方式	坡道宽度计算	一般宽度	
		小汽车	载重货车
直线单行	车宽+0.8	3.0～3.5	3.5～4.0
直线双行	2车宽+1.8	＞5.5	＞7.0
曲线单行	车宽+1.0	4.2～4.5	5.0～5.5
曲线双行	2车宽+2.2	＞7.8	＞9.4

表3-3　停车场出入口坡道的纵向坡度（%）

车辆类型	直线坡道的纵向坡度	曲线坡道的纵向坡度
小汽车	＜12	＜9
公共汽车	＜7	＜5
载重货车	＜8	＜6

表3-4　停车场通道的最小平曲线半径(m)

车辆类型	最小平曲线半径
微型汽车	7.0
小型汽车	7.0
中型汽车	10.5
大型汽车	13.0
绞接车	13.0

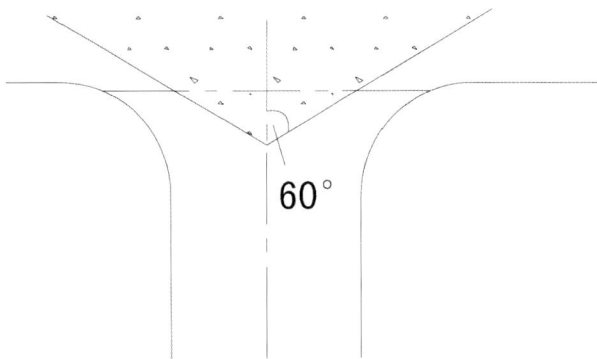

图3-68　停车场出入口视线保证

定。设计中应认真组织车辆的进出流线以及出入口的分布位置，常见的平面组合形式见图3-70。

自行车的单辆停放尺寸一般可取2m×0.6m。自行车停车场的停放方式可有多种，较为常见的有单向排列和双向错位排列两种，每种又分垂直排列和斜向

排列两种。自行车停车场的停车带及通道的宽度是按照不同的停放方式来确定的。自行车停车场的总面积是根据自行车的单位停放面积和停车总数量来计算的。(表3-6、表3-7)

2．人行步道

人行步道通常由与车行道分离的散步道构成。

在场地设计中，我们把人行步道看作事件的发生地点，是最贴近生活的地方，其规划要考虑材质、尺度以及无障碍设施等诸多细节。同时，在人行步道形式的确定过程中，要将人群的心理活动、场所的空间要求等因素考虑进去。

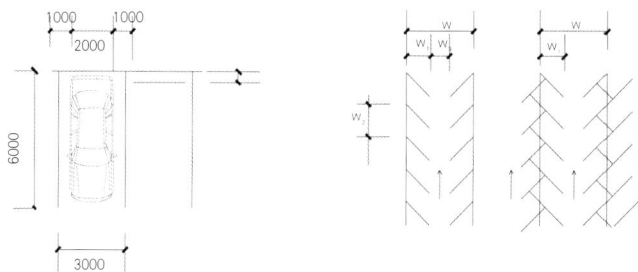

图3-69　单个停车场的尺度

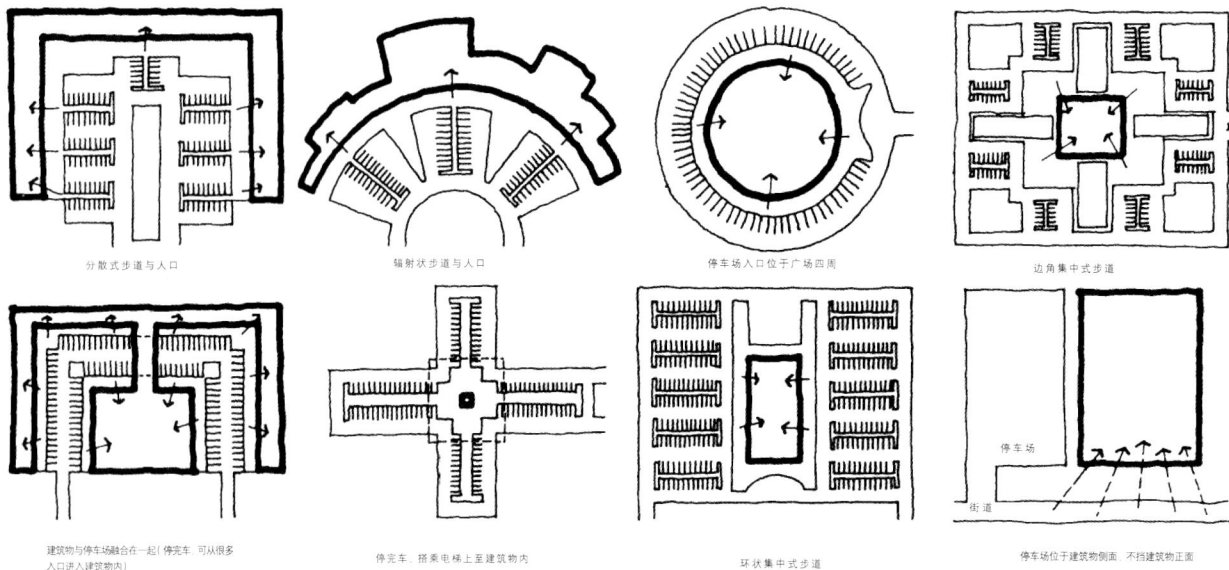

分散式步道与入口　　　　辐射状步道与入口　　　　停车场入口位于广场四周　　　　边角集中式步道

建筑物与停车场融合在一起(停完车，可从很多入口进入建筑物内)　　　停完车，搭乘电梯上至建筑物内　　　环状集中式步道　　　停车场位于建筑物侧面，不挡建筑物正面

图3-70　停车场常见下平面组合形式

表3-5　停车场的停车带尺寸(m)

项目	停车方式			
	平行式0°	斜列式		垂直式90°
		45°	60°	
停车位深 W_1	2.8	5.8	6.4	5.8
停车位顶宽 W_2	7.0	4.0	3.2	2.8
通道宽 W_3	4.0	4.0	5.5	7.3
停车单元宽 W	10.0	16.0	18.0	19
停车位深 W_1'	2.8	5.0	5.7	5.8
停车单元宽 W'	10.0	14.0	17.0	19

表3-6　自行车停车场的停车带及通道宽度(m)

停车方式		停车带宽		车辆间距	通道宽	
		单排停车	双排停车		一侧使用	两侧使用
垂直排列		2000	3200	700	1500	2600
斜排列	60°	1700	2770	500	1500	2600
	45°	1400	2260	50	1200	2000

表3-7　自行车的单位停放面积(m²／辆)

停车方式		单位停车面积			
		单排一侧	单排两侧	双排一侧	双排两侧
垂直排列		2.0	1.98	1.86	1.74
斜排列	60°	1.85	1.73	1.67	1.55
	45°	1.84	1.70	1.65	1.51

人车分流的交通组织体系，力图保持居住区内部的安全和安宁，保证区内各项生活与交往活动正常进行。场地内车行道和人行道分开，车行道分级明确，多设在建筑群体的周围，且以支状或环状尽端道路分布场地内，在尽端设停车场或回车场。步行道贯穿于场地内部，将绿地、户外活动场地、公共建筑联系起来，形成步行游憩的环带，创造亲切而富有情趣的生活空间。(图3-71)

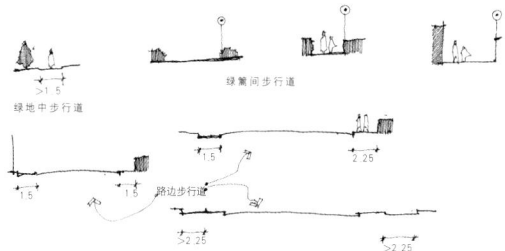

人车合流是场地设计道路组织最常见的体系，主要适用于私人汽车不发达的国家和地区。人车合流时，将道路按照功能划分主次，在道路断面上对车行道和步行道的宽度、高差、铺地材料、小品等进行处理，使其符合交通流量和生活活动的不同要求；在道路线型规划上防止外界车辆穿行等。道路形式多采用互通式、环状尽端式或两者合用。(相关内容参见本章第一节"道路分布")

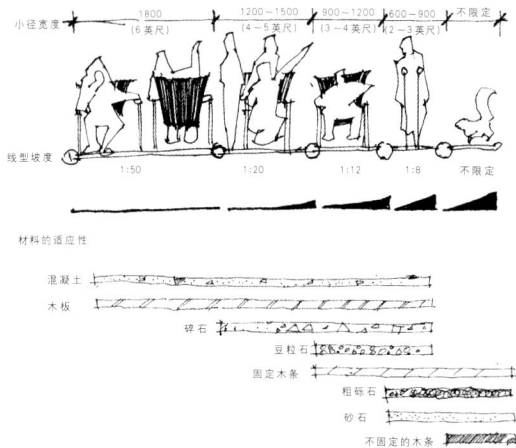

绿地中散步道：容纳一人松散行走或两人紧密并肩行走的步行道，剖断尺度至少在1.5m以上。

绿篱间步行道：绿地中的步道景观，道路两旁的景观界面尺度更为宽阔，考虑一定的空间胁迫关系，尺度在1.5m～3m之间。

宅间步行道：建筑旁的步道，为了建筑入口人流的方便，尺度至少在3.5m以上。(图3-72、图3-73)

3. 道路绿化

道路绿化是景观边界设计中重要的组成部分：从功能上讲，有吸尘防噪、净化空气、防止水土流失、夜晚防蔽眩光作用；从形式上讲，它具有改善景观环境、引导视线、建立线形的景观作用。

道路绿化的手段，主要是行道树的种植。行道树主要选择适应性强、生长迅速、冠幅大、主干高大挺拔、树型美、枝叶繁茂、耐修剪、病虫少、管理粗放、寿命长的树种，最好有色叶、观花等树种的搭配等。

图3-72 人行步道尺度参考

图3-73 人行步道尺度参考

一板两带

三板四带

图3-74 道路绿化

从A点至B点两侧建筑构成的步行道空间

从A点至B点处于绿地中的步行道空间

从A点至B点一侧为建筑另一侧为绿地的步行道空间

图3-71 步行道的典型空间形态

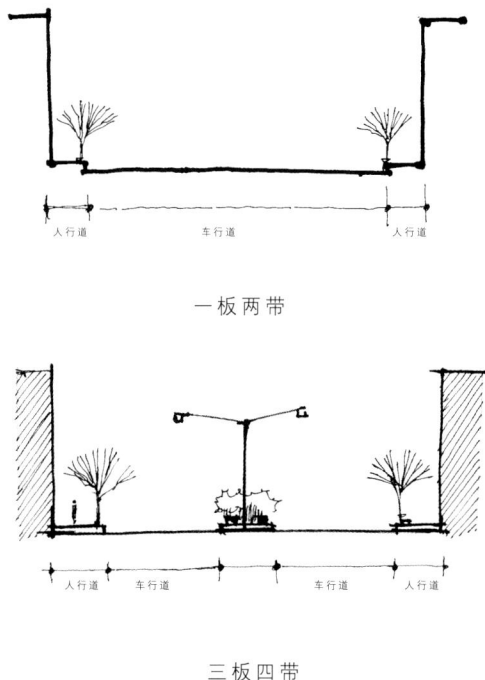

一般道路的行道树绿带宽度不应少于3m，即每侧的人行道与车行道间应留不少于1.5m宽的行道树绿化用地。树干中心到路缘石外侧最小距离为0.75m，以保证树木正常生长。常用的株行距为4～8m，每株树应有适当的树池，为1.5m或2m见方。

考虑道路与车行的相互关系，我们常采用分车绿带的方式组织道路的绿化。如一板两带，三板四带等。(图3-74)

二、边界

1.边界的定义

边界是场地环境中的线性要素，通常指两个空间场地之间的线形面，也包括开发用地的边界、围墙等。

场地一旦被体系化以后，边界作为景观中最具物质空间成分的特征要素就成为体现设计技巧的重要载体，也是认识场地性质的重要接触面。(图3-75)

边界和场地空间是不可分的，或者说，它本身就是一种空间，起着过渡、分隔或者围合的作用。边界的出现可以是硬性的，也可以是柔性的，在视觉上起到连接功能区域的作用，它为整合、混合、丰富，以及设计空间提供了多种机会。(图3-76)

由于边界包含着丰富的人的感受、使用功能和文化意义，因此，在场地设计中，设计师对它的定性和分析工作是非常重要的。

（1）人的感受

边界的敏感性在于它是场地与社会交际的一部分。人们在场所边界上休息、等待的行为特性，使场所上的边界往往成为社交的平台。边界成为场所的第一庇护所，是场所吸引力的直观反映。(图3-77)

图3-75 场地边界

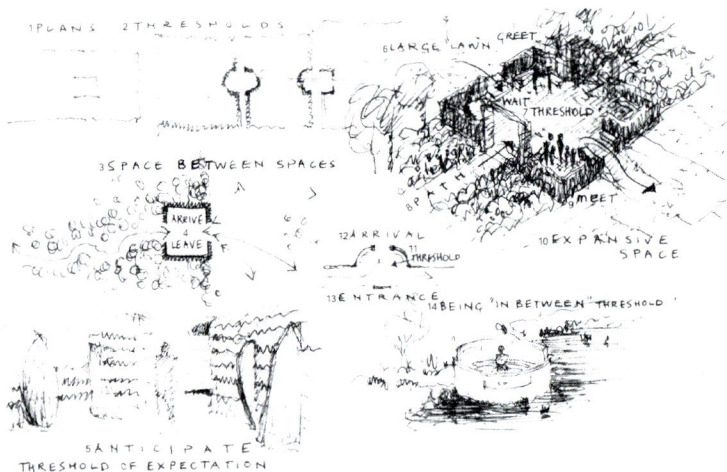

1.平面 2.节点 3.两个空间之间的空间 4.到达，离开 5.对称，期待的节点场所 6.大草坪 7.等待，节点 8.路径 9.约会 10.空间感受 11.节点 12.到达 13.入口 14.两者之间的节点

图3-77 边界的敏感性

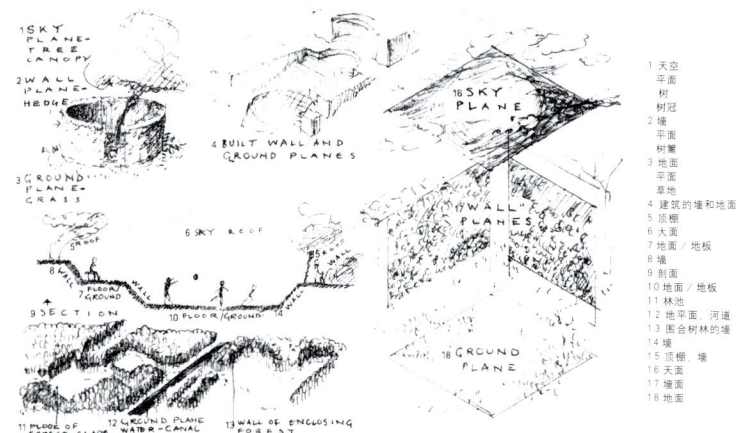

1.天空/平面/树/树冠 2.墙/平面/树篱 3.地面/平面/草地 4.建筑的墙和地面 5.顶棚 6.大面 7.地面／地板 8.墙 9.剖面 10.地面／地板 11.林地 12.地平面／河道 13.围合树林的墙 14.墙 15.顶棚，墙 16.天面 17.墙 18.地面

图3-78 台地关系

（2）台地关系

边界也是一种空间，之所以特殊是因为它附载着过渡两个空间的功能，或者说，它隐含着从公共属性向私密属性过渡的功能。设计师在营造边界时其实也就是在回答它在场地中的空间属性的问题。从公共—半私密—私密的层次的丰富性决定了在处理边界时的技巧也是多样的。（图3-78）

（3）边界的形态分类

A.自然过渡

滩涂（河滨、海滨）；

生态群落（草地、牧场、沼泽）；

地形（峭壁、堤、沟、脊）。

B.肌理的层次

硬质（梯步、石）；

软质（植物、沙砾）。

C.障碍的设置

连贯；

阻隔。

2. 界面处理

场地的面貌是由若干界面体现的，人与环境的关系是通过场地中各类型的界面完成的，同时，界面也是设计师运用设计语言最为直观的表现。场地中的界面主要由"地"、"墙"、"天"组成。

（1）道路两旁

对临街建筑物高度与退后距离的调节：一方面，建筑物相对靠近道路，会使人感觉道路"变窄"；另一方面，若临街建筑局部处理得相对低矮，则不会使人感到压抑。

利用绿化压缩空间：道路两旁的行道树可削弱道路横向扩展的整体感，延伸的路边绿化可减弱道路的独立性。

对道旁小品与设施尺寸的控制：设于道旁的路灯、电话亭或雕塑物、坐凳等都应以人体尺度为参考，注重与自然环境相协调。（图3-79）

道路宽窄变化处或道路转折处的景观会造成对视觉的吸引，是识别道路方向的标志。这种控制性节点的设计是增强道路与组团可识别性的重点。道路空间序列的连续，有效地组织着沿街住宅的景观。道路的尺度感来自于人们视线所及元素的比例关系。在中国传统民居中，狭窄的街道、低矮的房屋，形成了亲切的小尺度道路景观。而现代城市高楼林立、马路宽阔，

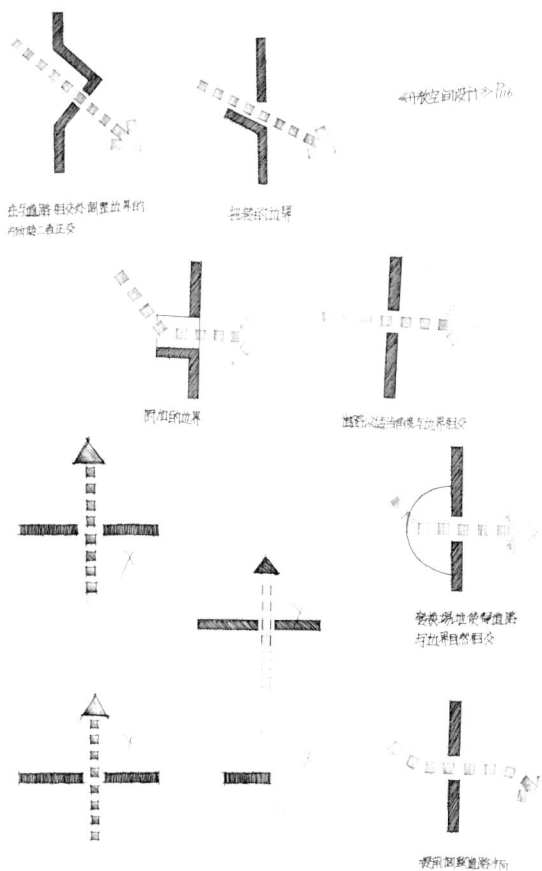

图3-76 边界的多样化处理

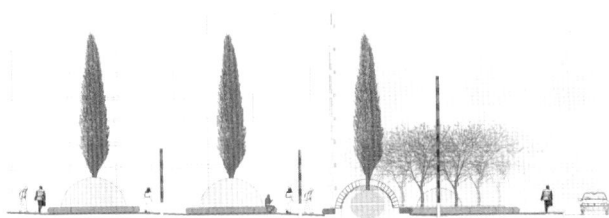

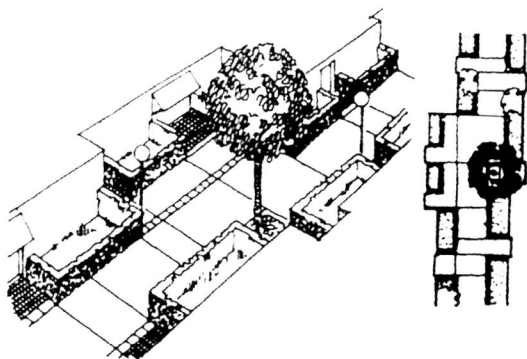

图3-79 利用小品的尺度控制和丰富场地的空间感受

道路的尺度与传统概念相去甚远。在居住区内，道路尺度的适当缩小，有助于找回亲切的居住氛围。

（2）建筑控制

临街的住宅是道路空间景观的主要构成要素。它们与道路的关系表现于住宅的布局上，一般有如下几种：

A．住宅与道路平行

这种布局多出现在东西走向的道路上。若它们重复排列于较长的道路两侧，则易使街景失去特色——笔直的墙壁突出了道路的长度，住宅之间不变的布局方式将人的视线引向道路深处，使人感觉枯燥无味，道路仅仅为车辆交通提供方便，却忽视了人的存在。

平行于道路的住宅应强调布局的凹凸和体型的变化，把道路空间分割成深浅变化的"段落"。在规划允许的条件下，道路可随着两侧住宅的前后错动而稍稍弯曲或转折，形成更加自然和谐的景观。(图3-80)

B．住宅与道路垂直

住宅与道路垂直，给道路留出一些开敞空间，枯燥感会相应降低，这时山墙的立面处理及高度搭配尤为重要。以裙房连接山墙，或作商业设施处理，以减小道路尺度，带来亲切的感受。融合道路与住宅于统一的空间环境是设计的关键。

住宅道路往往使人感觉舒服亲切，它们加强了道路的导向性，往往成为道路转折部分的自然过渡。(图3-81)

C．高度的控制

临街住宅建筑的高度影响着道路的尺度，对道路空间的收放有着控制作用。临街住宅高度的变化是影响道路景观最直接和最明显的方式。住宅可根据其处于道路中的位置进行高度上的变化，形成道路景观的高潮和焦点，并与道路的分段配合，创造统一而丰富的街区空间。此外，临街的住宅与居住区内部的住宅相比，高度可适当降低，这有助于形成居住区的整体感。通过高度的渐变，产生空间的延伸，不致将道路与住宅完全分隔开来。(图3-82)

三、节点

1．节点的含义

节点在场地中起到连接的作用，它可以是道路的交叉或汇聚点，是一种结构向另一种结构的转换处。某些集中的节点成为一个区域的中心和缩影，由它向外辐射，形成核心。有时对于一个区域尺度的规划来

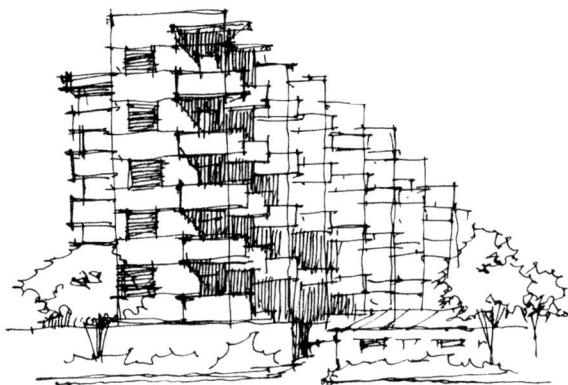
图3-80　北京呼家楼居住区顺应路型布置的住宅

图3-81　与街道垂直布置的琥珀山庄住宅

图3-82　琥珀山庄组团内高外低，丰富统一的道路空间

讲，节点本身也有可能就是一个集中的区域。细分来说，以下空间都有节点的性质：

路径上的向其他空间过渡的小空间：道路的曲折变化，引起视野范围的不断变化，形成一系列连续的道路空间。道路宽窄变化处或道路转折处的景观会造成对视觉的吸引，是识别道路方向的标志。这种控制性节点的设计是增强道路与组团可识别性的重点。道路空间序列的连续，有效地组织着沿街住宅的景观。(图3-83)

不同场所之间的交汇处：与尺度和纹理相近的空间比较，一个小空间可以作为节点来考虑；比起大空间占主导地位的景观，它允许有不同的空间感受和用途。小空间通常保持自我独立性，这种交汇处的空间节点是活跃而敏感的，通常给人带来很多敏感、细腻

的感受。因此,这种空间能够适应人们多样性的生活,加之尺度适宜和普遍的存在,尤其是儿童对于这种处于大空间庇护中的又有一定的独立性的小空间特别需要。(图3-84)

边界上的场地:设计中,有一类节点常和边界发生关系并整合在一起,这种节点能满足人们穿行的要求。(图3-85)

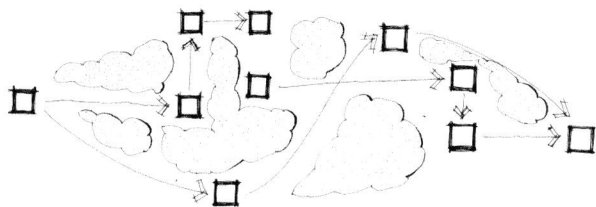

图3-83 节点对于空间的意义

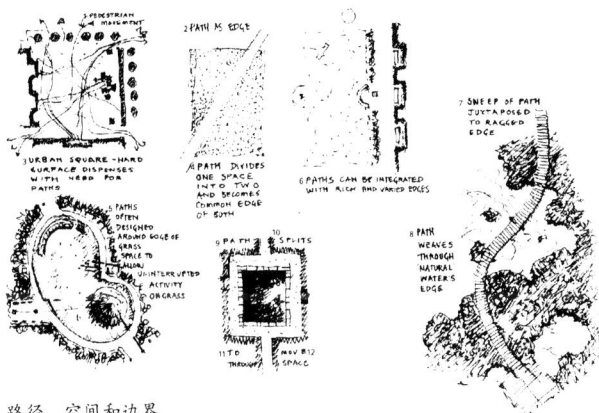

路径、空间和边界

图3-84 节点的不同类型

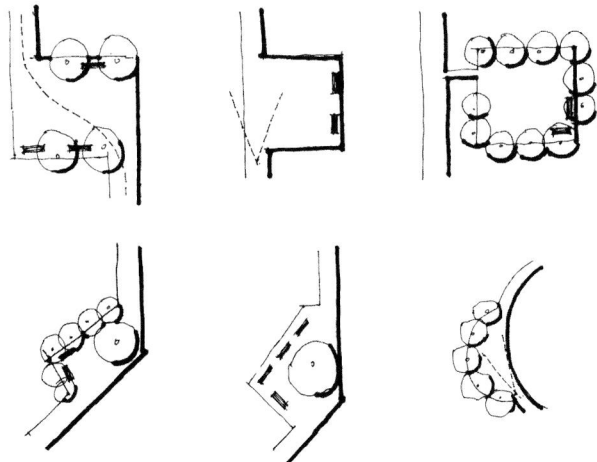

图3-85 边界上的场地

入口或入口场所:节点还意味着空间的不断连续。因为设计的每个部分是不完全分开的,是通过各种空间连接起来的。在这个连接过程中,节点是非常重要的,带有典型性的角色。通过对节点的设计,使用者更能体悟设计者对空间的定义。特别是与标志性的建筑相关联的空间,多数情况下被定义为融合建筑使用功能的节点。例如建筑的室外前厅——对于到来的人群心理有重要的意义,并且通过这个空间能辅助许多社会文化的实践活动。在城市环境中,入口空间能从一个环境影响到另一个环境,或从一种文脉向另一种文脉过渡。入口场所中的活动包括停车、等待、接见、休息、观察、买卖、拍照等。

出入口或许由真实的物质构造,或许是象征性的存在,是空间转换的标志,这样的节点意味着成为被关注的焦点。出入口的构筑物或许是建筑、雕塑、地形或由小尺度的植物构成。

在一连串由节点连接的空间中,行走成为一个充满刺激和愉快的体验过程。同时,节点也是过渡空间,能帮助人们整合物质景观与场所的感受。节点给出的空间形式用于调解人从一个空间到另一个空间的感受和状态。

2.节点描述

(1)地形

地形是竖向处理中的内容,同时也是界面处理中的内容。

A.整形

对基地内的小土丘,可利用挖土、填方使其平整;同理,使陡峭的地形产生平台。在需要的情况下,平地上也可以用整形的方法堆砌土丘。

B.处理建筑物与等高线的关系 (图3-86a)

使建筑物沿等高线排列;

建筑物与等高线斜交;

建筑物与等高线垂直。

C.处理建筑物与地形的关系(图3-86b)

(2)肌理

A.绿地

景观设计的地面肌理很大程度是由绿地构成的,它也称为场地设计中的"软景观",它的柔软性、生长性恰恰衬托出人工构筑的建筑美感、工艺美感,丰富着场地的视觉肌理和触觉肌理。(具体应用参见第三章第四节)

B.地面铺装

地面铺装的设计是景园布置的重要内容之一。一般来说，场地的室外部分除去有植被覆盖的地面，均需要某种形式的地面铺装，比如广场、庭院、通道等。铺装最明显的功用是保护地面，承受磨压，为人的活动提供合适的条件。地面的不同铺砌形式能够标志不同区域的性质以及活动类型，暗示空间的划分，有助于分辨出各区域的不同特点。地面铺装所选择的材料、尺寸及铺砌组合成的图案会对空间的尺度及比例产生影响。铺装的色彩、质地、铺设形式也能创造视觉兴趣，增强空间的个性，比如严肃、活跃、粗犷、细腻等。

如同其他内容的布置一样，地面铺装的布置也应有利于促成整个设计的统一，这是一条基本原则。铺装的布置应与其他内容的组织同时考虑，以便铺装地面在视觉及功用等各方面都能被统一。为特定的区域

所选择的铺装材料和形式应符合该区域设计与使用的要求。没有任何一种铺装材料能够适用于所有场合，常见的那种全部采用沥青铺地的做法是过于简单的。但材料的变化也不宜过多，应有一种占主导地位以建立统一的基调。铺装图案的设计也不宜过于繁琐复杂，以免造成视觉的杂乱。

根据不同的使用要求，地面铺装可使用多种材料，如卵石、砾石、石板、条石、陶瓷地砖、混凝土、

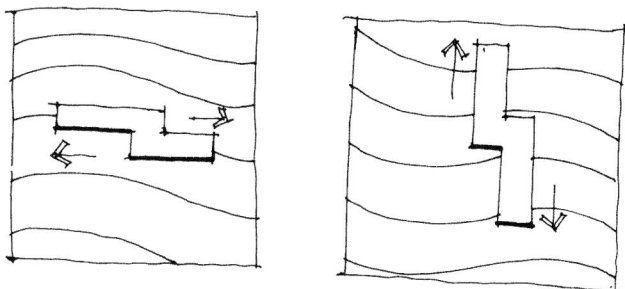

图3-86a

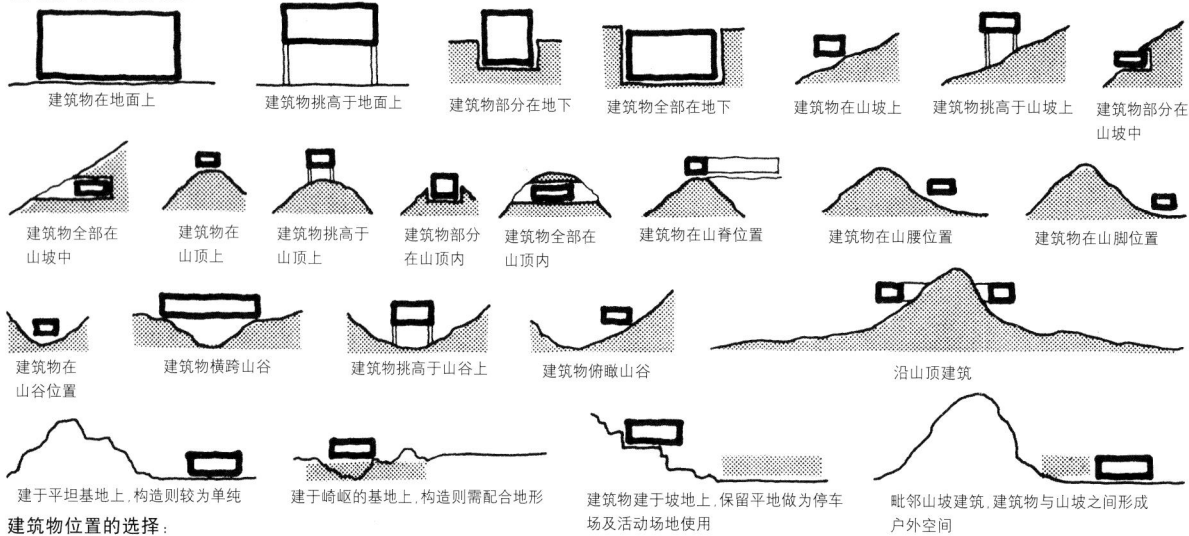

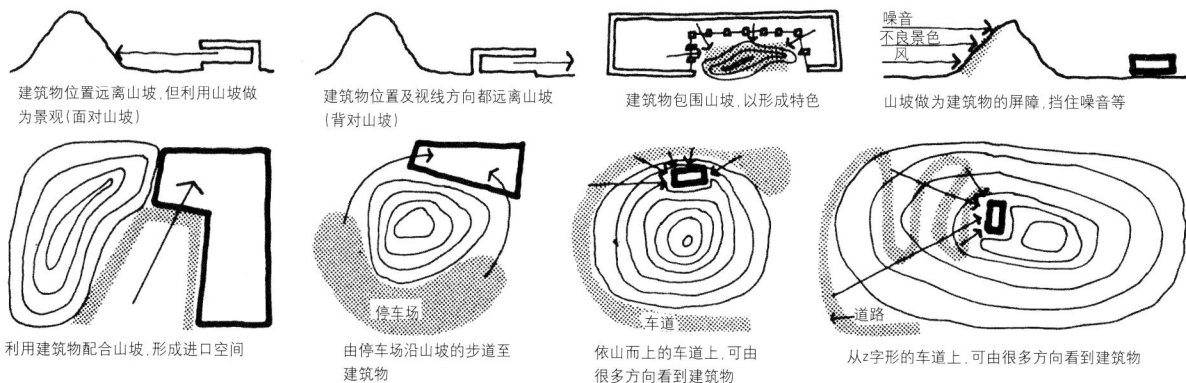

图3-86b 节点地形的关系

沥青等。卵石、砾石、天然散石常用来铺设园中的小路或者在内院、天井等比较亲切的环境中，用以增添天然性和多变的趣味性。当它们被大面积使用时，则又具有另一种粗犷的性格。成型的石材、陶瓷地砖有广泛的应用范围，在质量要求较高的公共场合，比如广场中，规则的石材地砖是常被采用的材料。混凝土、沥青等塑性材料，具有应用面广、施工方便、坚固耐用、造价较低等优点。它们的缺点是景观效果较差，尤其适合用于一些不规则的曲线形的地面上。(图3-87)

四、标志物

标志物是视觉的点状参照物，观察者只是位于其外部，而未进入其中。它通常是一个定义简单的有形物体，比如建筑、标志、店铺或山峦，也许就是许多可能元素中挑选出的一个突出元素。它有地域性特征，只能在有限的范围、特定的道路上才能看到。只要它们是观察者意象的组成部分，就可以称为标志物。标志物经常被用作确定身份或结构的线索，随着人们对旅程的逐渐熟悉，对标志物的依赖程度也越高。

1.建筑物

建筑物的设计应考虑与邻近环境的关系。如果场地邻近的环境是令人愉快的，应把场地和建筑物建成环境的一部分，使场地融合到与周边环境的整体之中。建筑物是外向的，允许它的使用者享有户外空间；然而，外部环境也有不友好、不协调的情况，这时应把场地和建筑处理得非常私密、内向。

用于建筑的场地开发必须围绕场地与建筑的相互关系的主要问题来进行。在许多情形中，建筑物是占主导地位的，而且场地恰好是要布置建筑物的地方，或者场地上根本没有建筑物，场地占绝对优势。因此，它们之间暗含着一种取舍关系，建筑物反映了场地的要求，场地也要适应建筑物的要求。

从场地设计的需要讲，建筑物的设计要考虑如下问题：

（1）朝向

朝向反映出建筑与地形、日照间的关系：建筑物必须与它们所在的场地建立某种程度的适应性。这体现了一种设计哲学，反映了场地与建筑相互尊重的关系。

（2）日照间距

阳光直接照射到建筑地段、建筑物围护结构表面和房间内部的现象称为建筑日照。阳光具有消灭细菌与干燥房间的功能。中国大部分地区的住宅位置，通常以满足日照要求作为确定建筑间距的主要依据。一年中，冬至日的日照量最小，房屋阴影面积最大。也就是说，在一年中冬至日的日照时间最短，日照最差。如果某建筑间距在冬至日能满足日照要求，那么其他任何时日均能满足日照要求。

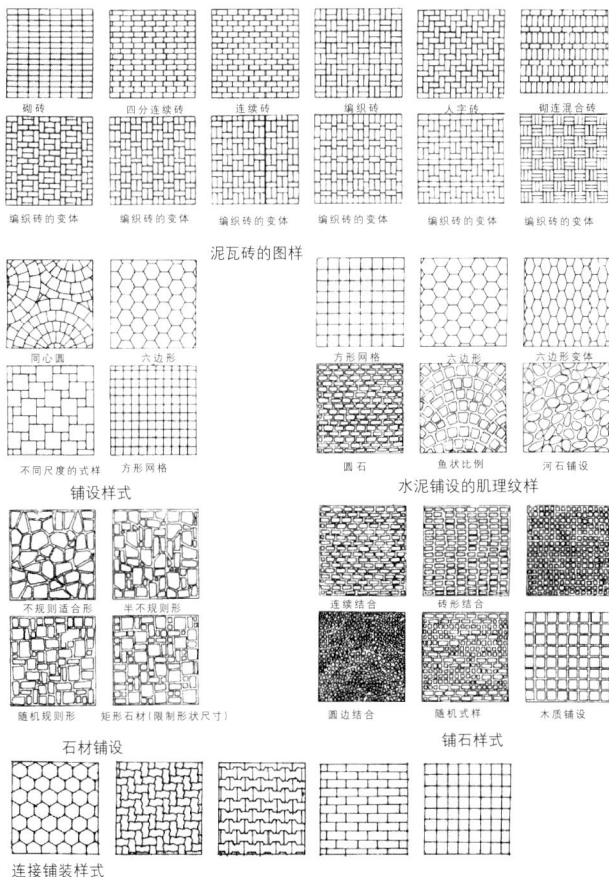
图3-87 场地中人工铺设的地面

表3-8 住宅建筑日照标准

	Ⅰ、Ⅱ、Ⅲ、Ⅶ、气候区		Ⅳ气候区		Ⅴ、Ⅵ气候区
	大城市	中小城市	大城市	中小城市	
日照标准日	大寒日				冬至日
日照时数	≥2h		≥3h		≥1h
有效日照时间带	当地时间,(真太阳时) 8时至16时				当地时间（真太阳时） 9时至15时
日照时间计算起点	距住宅首层室内地面0.9m的外墙位置				

日照标准：为保证室内环境的卫生条件，根据建筑物所处的气候区、城市规模大小和建筑物的使用性质确定的冬至日或大寒日阳光直射到室内楼、地面上的小时数。（表3-8）

在前后和相邻的建筑之间，为保证北面建筑符合日照标准，南面建筑的遮挡部分与北面建筑保持的间隔距离称为日照间距。正确地处理建筑间的间距是保证建筑获得必要日照的条件。（图3-88a）

日照间距系数L：即根据日照标准确定的日照间距D，与遮挡计算高度H的比值。

日照间距公式：$L=D/H$。（图3-88b）

（3）定位

水平定位：就是在场地上确定建筑物的规划位置。决定这个定位的度量涉及如下一些需要关注的问题：（图3-88c）

要求从地产边线向后退；

使用权的保护通常沿着地产的边界；

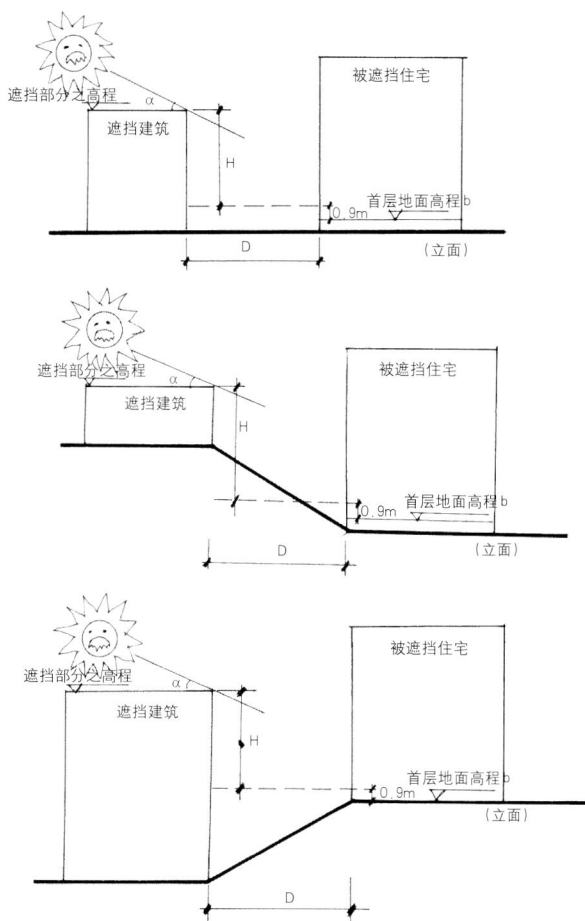

图3-88b 日照间距系数L=D/H

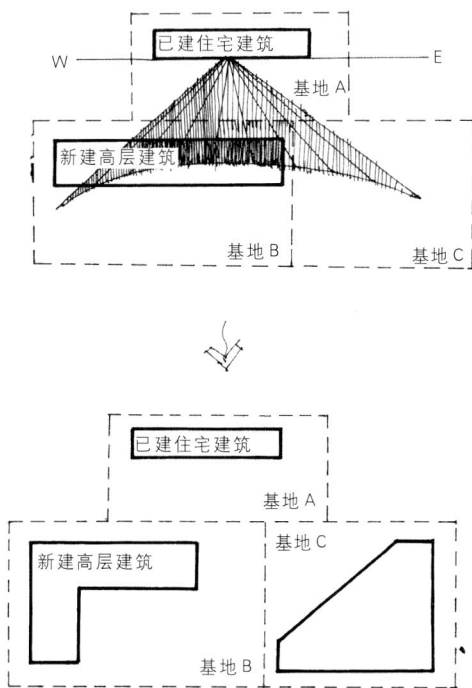

图3-88a 某城市基地间因日照而协调

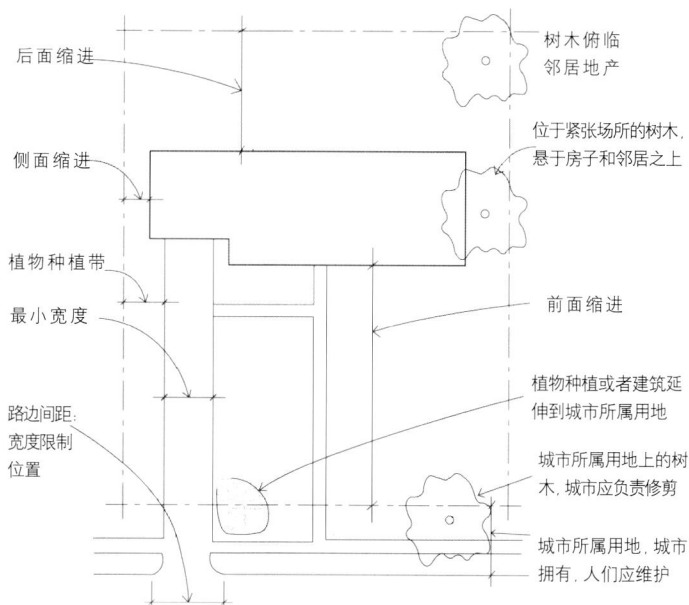

图3-88c 对场地中建筑的水平定位的考虑

允许场地提供车行道、步行道、地下公用设施及其他空间；

风景或者隐私的保护；

允许修建场地建筑（阶梯、挡土墙等），或者种植大型的树木。

垂直定位：建筑物在场地竖向空间上的考量，包括许多潜在问题。(图3-89)

关系到给场地提供通道的现有街道；

关系到任何现有的建筑物，或者有明确位置并且与该建筑定位有某种关系的其他特征；

关系到现有场地的特征，例如现有的场地坡度、被保护的特色元素、地下水水位、与基础有关的土壤情况等；

关系到现有的地下功用设施，尤其是利用重力作用的排水系统。

（4）面积：处理建筑物的占地面积和楼层总面积

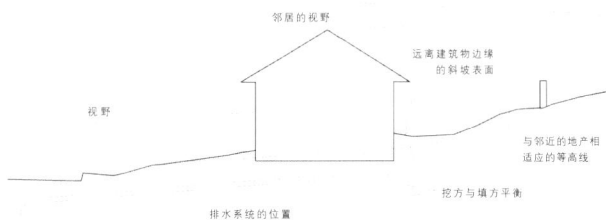

图3-89 建筑物在场地上垂直定位的考虑

之间的量化和平衡。

（5）设施

建筑物必须与多种外部设施联系在一起：

排水系统（生活污水、雨水）；

供水系统；

电力系统；

煤气；

通信系统；

有线电视；

邮件递送；

垃圾回收；

消防设施。

这些设施虽然很繁琐，甚至设计师都无暇顾及，但这些细节影响着场地的吸引力。我们应视其为景观的组成部分，和整个场地合为一体。

2．构筑物

场地中的构筑物与基地的界限有着紧密的关系。它可以：

帮助我们界定基地；

场地的面积决定着构筑物的面积；

基地的形状影响着构筑物的形状；

景观是场地与构筑物的缓冲空间。

3．地标

标识物指的是在环境中起到引导、标志、识别作

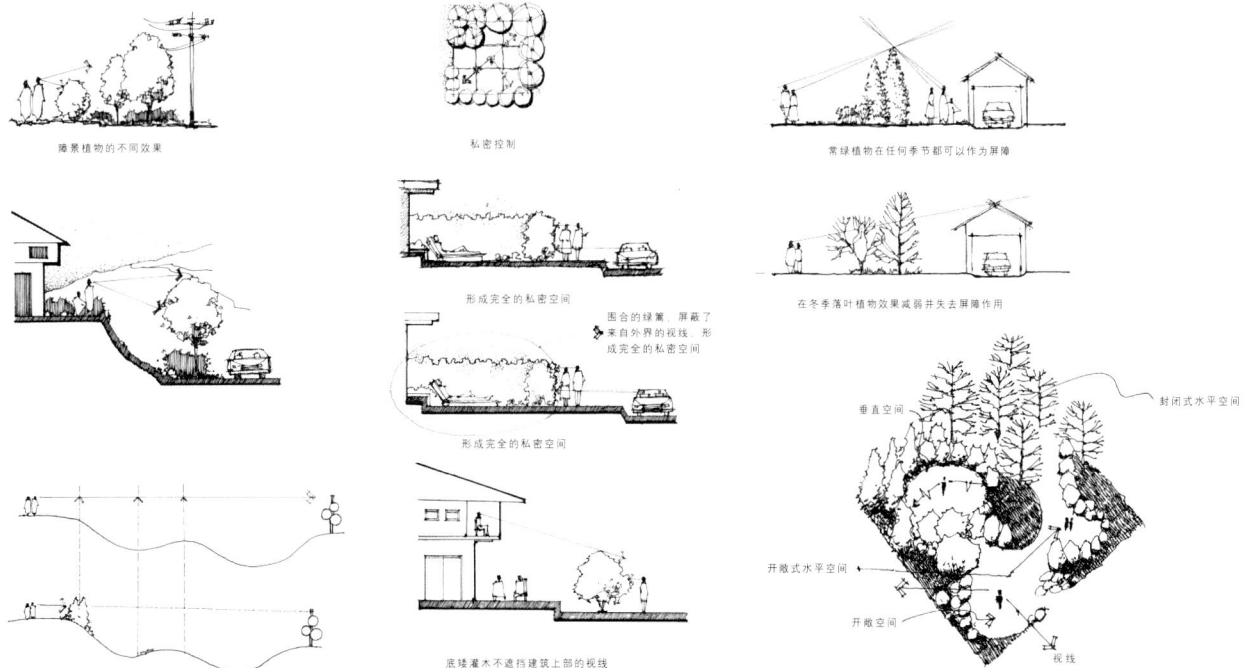

图3-90 植物对空间产生的各种影响

用的人为构筑实体，如雕塑、纪念碑、钟楼、牌楼等。这些标识物往往是一个场所中具有精神指向功能的实体，和空间、场所紧密联系在一起。

五、植物

场地规划进入到后期的完善设计阶段，绿地的植物搭配成为丰富环境空间层次、柔化空间界面的重要手段。自然界的植物千姿百态，需运用植物的姿态、形体、色彩、花期、花色以及季相变化等因素提高绿地的艺术效果。(图3-90)

1. 植物的功能

（1）植物的美化功能

在场地中，利用植物可柔化形态粗糙及僵硬的建筑物和构筑物。种植树木使那些呆板、生硬的建筑物和居住环境显得柔和并富有人情味。

植物的外形：不同类型的植物的外形各异，相互搭配起来变化非常丰富。植物的外形特征作为孤植时是最为明显的，当它们组合成群体时单株形象将会消融于群体的外观中，这一点在使用中应注意。(图3-91)

植物的色彩：植物的色彩也是很重要的特征，它容易引起人的注意力，具有情感的渲染作用，因而也影响着场地的氛围。明艳的植物给人轻快活跃的印象，而色彩深暗的植物则给人沉稳感。过于琐碎的色彩容易造成杂乱无章的感觉。植物的色彩还集中体现在季节的更替上，因此在搭配中，要注意四季的不同观赏效果。

植物的质地：植物的质地受其叶片的类型，枝条的疏密、长短，外形，综合生长习性等因素的影响。植物的质地有的粗大，有的较细，有的疏松，有的光滑密实。粗壮型的植物相对更宜形成视觉焦点，在某种程度上会起到收缩空间的作用，因而对于狭小的空间应慎用。细质型植物则相反，它拥有大量的叶片和浓密的枝条，因而轮廓柔和密实，能增强植物配置的细腻性。(图3-92)

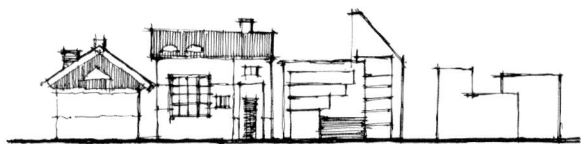

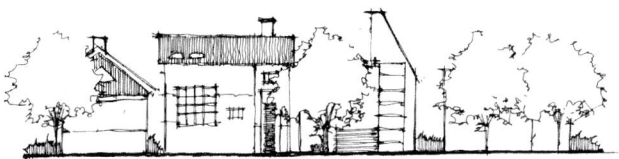

图3-91 植物的柔化与统一作用

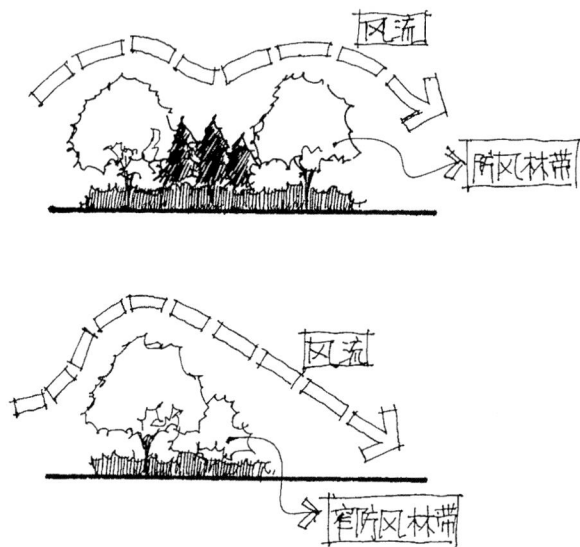

树林与窄防风林带阻挡风力的效果

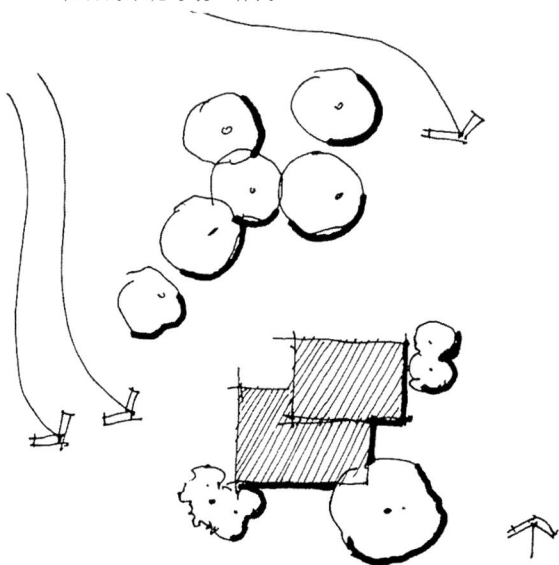

冬季常绿树木对建筑的保温作用

图3-92 植物的防蔽功能

（2）植物的统一功能

植物可充当一条导线，将场地中的不同部分从视觉上连接起来。植物作为一种恒定的因素，将其他杂乱的景色统一起来。

（3）植物的识别

植物能使空间显而易见，更易于识别。植物的大小、形状、色彩、质地或排列方式的差异发挥着各自的识别作用。

对场地植物的完善，意味着植物与场地的关系已经确定。植物起到的作用和价值——对景观、对建筑、对人群等关系，设计师都应清楚并策划好。(图3-93)

2.种植方式

一个成体系的场地中，其植物也是体系化的。它表达和强化了场地的布局，构成了开放空间、闭合空间或半闭合空间相互联系的格局，每一空间都与其规划功能相适宜。

好的植物设计同样也是秩序井然的。植物配置的模式通常是：一种基调树、灌丛、地被植物；1～3种调配树种、灌丛和辅助性的地被，如禾本草、阔叶草或藤蔓，以及所有其他的占很小一部分的辅助性植物。并且，本土物种的植物在场地中无须特别护理就可以繁茂生长。

（1）大中型乔木布置

从空间与景观构成上看，最主要的植物是大中型乔木。它们在成熟期的高度可以达到10m以上，因高度和树冠的面积成为显著的观赏因素，所以常可孤植作为独立的景观。它们是构成室内外环境的基本结构和骨架，常被有规律地成行、成排种植，用以强化秩序感。它们的配置将会对景园的整体结构和外观产生极大的影响。所以在进行设计时应首先确定大中乔木的位置。但由于生长中的大中乔木容易超出设计范围和压制其他因素，所以应慎用。(图3-94、图3-95)

（2）小乔木与灌木布置

小乔木与灌木的高度一般为5m左右。它们的安排多在大中乔木配置完成之后进行，用以完善前者所形成的空间结构特性和景观效果。较矮小的植物在较大植物所构成的整体结构中主要是丰富和补充作用。它们因具备丰富的形态和鲜明的花果特性，常成为视觉的焦点。

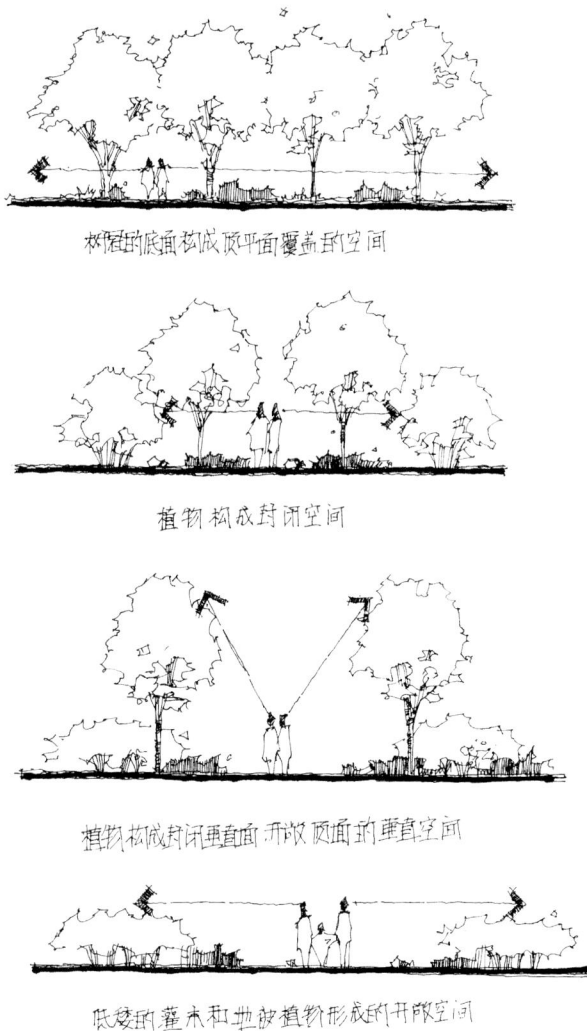

树冠的底面构成顶平面覆盖的空间

植物构成封闭空间

植物构成封闭垂直面开放顶面的垂直空间

低矮的灌木和地被植物形成的开放空间

图3-93 植物的识别性

利用植栽串连建筑群，形成整体性

利用树林形成入口遮蔽物

将庭园引进室内

阳台与屋顶做庭园处理

利用植栽界定通道，并使多方向的交通线穿越其下

树丛与建筑物毗邻，自然与人工区域之间明显的分界

部分自然景色保留于基地内

以建筑物为中心，树林形成自然与人工区域之间的缓冲元素

使人为景物成为自然环境中的特色

砍伐原有树林，再重新造景

保留部分树木，砍伐其余树木

在留有施工痕迹的建筑物四周种树

利用植栽划分基地进行功能分区

将丑陋地区加以植栽美化

利用植栽形成庭园，具隔离作用

利用植栽界定基地使用区域

利用植栽，形成围绕着建筑物的树墙

利用植栽阻挡噪音

利用植栽加强步道的轴线与趣味性

利用植栽形成视线的屏障

利用植栽形成户外活动空间

利用植栽加强车道的轴线与趣味性

植栽远离建筑物，以使地面层及空地有良好的视野

利用植栽确定基地界限

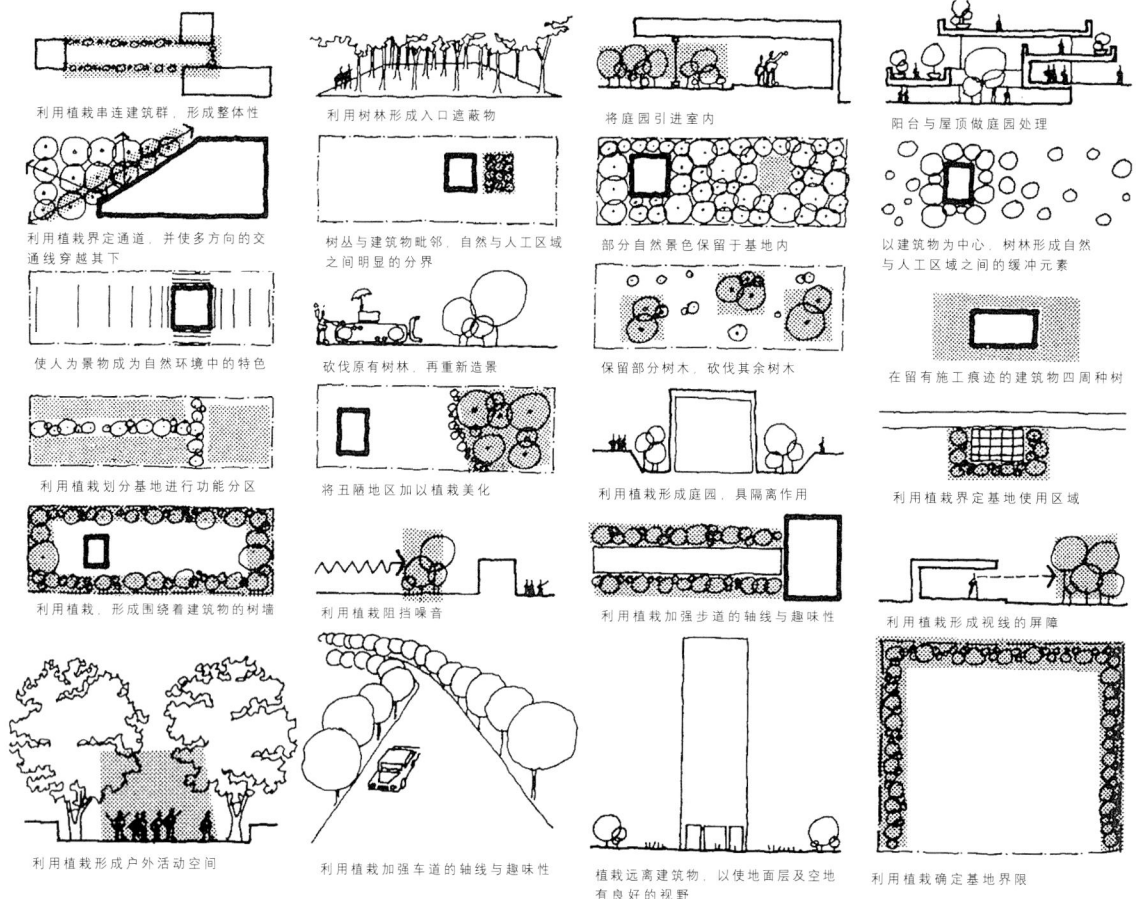

图 3-94　植物在场地中的作用

以树木荫棚整合地表面

落叶树于夏季遮荫，于冬季透入阳光

于夏季树形成焦点，于冬季落叶形成焦点

于夏季茂叶形成亲密的尺度，于冬季枯枝形成开放感觉

于夏季树木阻隔视线，于冬季视线开阔

室内造景

高低空间均作景园处理

阶梯式庭园

树木作为尺度的转变

利用树木遮阳

利用树木防风

建筑物阴影勿遮蔽树木

每一空间外部配置植物景观

土坡及景园造成无建筑物的感觉

利用土坡分隔基地使用区域

利用土坡作为活动区域的分隔

利用景园作为引导感觉的处理

在建筑物围绕区域作景园处理，其余部分保持原状

入口空间绿意盎然

树木不应阻挡重要建筑物的视线

单元式景园处理配合单元式建筑物

景园处理形式配合建筑平面形式

景园处理形式与建筑物平面形式形成对比

利用集中的景园成为整合群体的焦点

图 3-95　植物在场地中的设计应用

工作计划——布局落实在图纸上

一、规划布局方向

场地布局需要解决两个问题，一是组成元素各自形态的确定，二是元素之间组织关系的确定。这些是场地设计的核心工作之一。布局阶段，场地设计的结果反映的是场地的整体形态，是场地基本的表现形式。

前面的所有概念、想法在本阶段要充分地落实在图纸上进行推敲、确认。

有些零星的想法非常明确和清晰，要马上勾画在草图上或者至少做出标记。而有些想法还有待和其他观点进行互动，也要在草图上表达出来。意象中的某个价值观等在此阶段要非常明确地在图纸上实施出来。

在实施对场地的设计时，对于初学者来讲，教学上是具有一定硬性要求的，这也符合设计教育的内在规律。

首先，需要强调的是对设计步调的控制，控制能力的培养在本阶段显得特别重要，特别是随着对尺度关注范畴的推进，需对设计的界面、肌理等形态问题进行推敲。在图面稿的最初阶段强调的是宏观功能的定位和把握，整体尺度、空间性质、道路体系等问题。前阶段的想法或是决定，在本阶段要按照尺度关系由粗放到细腻展现在图纸上。然而，初学者在本阶段往往会兼顾不了功能地块整体的关系，却过早进入对小尺度的形式化的设计语言的推敲的泥沼中而无法自拔。场地设计课程的精要就在于对整体控制的训练和把握，强调任何形式语言都是来自对场地功能的思考，而非凭空的形式捏造。

其次，在完成了场地功能定性的基础上，随着设计深度的推进，必然要回答景观界面、肌理、构造方式等语言形式问题。这一阶段的深入是必然的，也是教学进行的一个层面。在同一理念的指导下，细节和界面处理的方式不同也会带来差异性。这一层面的设计语言问题主要反映出学生的素材积累和运用的娴熟，适当的参考也是必要的。

最后，本阶段在工作计划上是对总平面图和主要立面分析图的完成。因此，鉴于场地设计课程的要求，

有必要对平面图和立面图的深度及规范要求作出如下说明和补充：

1．总平面图的表达重点

要体现平面空间形态的对应关系；

考虑视廊、风景构图体现出的景观空间关系；

地面材质需强化空间性质、材质的模数感；

用不同线型区分地形、地表；

植被应强化空间关系；

注意色彩的重点、强弱搭配；

景观元素（水、石、路、桥）表达到位丰富。

2．立面图的表达重点

构筑物的立面形态要完整；

结合人的行为特点反映出场景的功能和特色；

主体、配景等空间形态丰富（简繁、虚实）；

考虑空间避让；

线型区别丰富（剖线、看线）；

植被搭配有致；

边界处理丰富；

色彩搭配要烘托空间气氛、季相。

通过对场地项目的定位的摸索、整理，培养在此过程中的理性思维是很重要的，能罗列出问题的各个方面，并找到主要的矛盾贯彻设计思想；

在本阶段，图纸上的形象思维能力也很重要，因为场地设计课程的设计内容只有通过实践表达才能传递。

二、细节完善方面

完成了平面的布局，接下来的实际工作就是要对界面、节点、道路、标志物、植物等做细节的推敲，也就是深入设计的内容。在这部分，工作实际的进展成果包含以下几个方面：

1．道路

各级道路的尺度明确；

各级道路的边界收口处理明确；

车行道路的相关要素在技术上得到满足；

停车场的技术要求。

2．界面

剖面关系层次的明确，地面标高、水体标高、地形坡度控制等在图面关系上清晰、实在；

依据功能区域的边界与空间的对应关系，深入推敲各边界的形态；

景观视线在边界中的要求；

建筑作为界面的处理元素时是否达到相关要求；

在室外空间竖向上的边界处理是否到位；

植物林带、构筑物、场地在空间关系上是否和谐，尺度感、视觉关系的确认已经体现出设计者的构思和理念；

道路、水体、绿地等区域的边界处理在本阶段要落实，有明确合理的形式。

3．节点

各节点的处理手法得到贯彻；

相关的界面肌理、铺装得到落实，地面材质种类得到确定；

材质模数的确定；

地表植物与节点的相互烘托关系的确定；

明确界面肌理的过渡、强调手段。

4．标志物

各标志物的平面位置、立面形态的落实；

各标志物起到何种主要作用，设计中要贯彻何种设计思想；

建筑的朝向、体量、规模与场地的关系作为思考的重点。

5．植物

在总体布局后，落实植物配置的主要思想和原则；

落实乔木、灌木的具体位置、规模、种类。

场地处理的工作是深入到细节的工作，从起初的调研、分析、定位的创作阶段进行到本阶段的对局部问题的推敲，使得整个场地的概念更加完整。

其实更为准确地说，本阶段的很多工作是在前阶段的时候就已经同时发生的，例如排水的问题，我们在创作场地景观形态的时候通常已经有所考虑，不过，在此，通过单独强调排水问题，得以对场地的概念在技术性上更加全面。

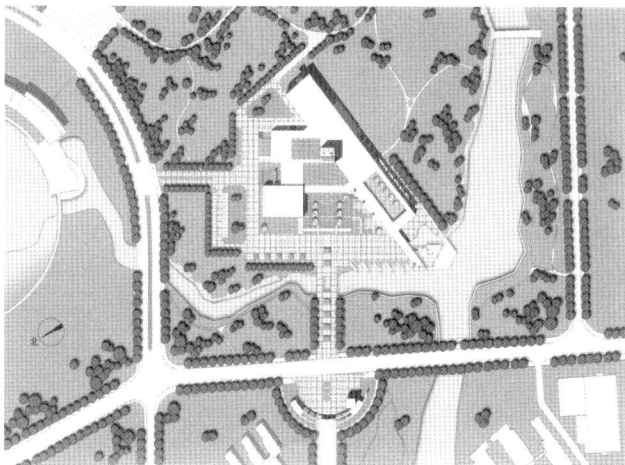

图3-96　小尺度的场地规划总平面图

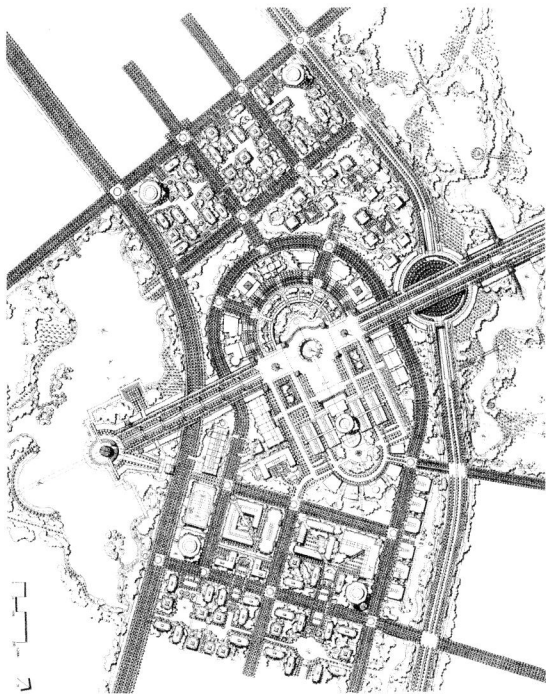

在这张总图中，树不再作单个的表现，而是以一定的灰度和圆形来表现的群体。

图3-97　大尺度的场地规划总平面图

第四章 处理场地
——详细设计阶段

第
四
章

处
理
场
地
—
—
详
细
设
计
阶
段

● 景观场地规划设计

/ 全国高等院校环境艺术设计专业规划教材 /

教学引导

教学重点

本章主要针对景观场地中的技术问题，以及涉及的相关计算问题作讲解。场地设计的结果是以一系列的数字指标和图纸来衡量的，因此，通过本章节的讲解能给学生灌输一定的理性思考的习惯，这在艺术类院校的环境艺术设计课程中是很有必要的。

教学安排

总16学时——理论讲解4学时、布局草图6学时、细节深入4学时、分析讨论2学时

作业任务

1.将第三单元的作业成果进行计算和审查。

2.四个单元的作业集中在一起，形成设计图集。

引言

场地设计的最终目的是在一块基地中为景观、建筑、业态找出可塑造的元素，在这一过程中，始终要坚持让场地本身成为主体，依照场地的条件和特征来理顺各要素之间的关系。为达成这一目标，必须就场地硬性的技术手段有充分的了解和涉猎。第四阶段所介绍的处理场地的手段和方法必成为我们为场地更新的主要内容，也是项目进行到末期的实施手段，它将使场地成型直至施工成为现实。

第一节 竖向设计

一、 基本概念

1．什么是竖向设计

一般来说，根据建设项目的功能要求，结合场地的自然地形特点、平面功能布局要求与施工技术条件，在研究建（构）筑物及其他设施之间的高程关系的基础上，因地制宜，充分利用地形，减少土石方量，确定建筑、道路的竖向位置，合理组织地面排水以利于地下管线的铺设，并解决好场地内外的高程衔接。这种对场地地面及建（构）筑物的高程（标高）做出的设计与安排，通称为竖向设计（或称垂直设计、竖向布置）。

（1）竖向设计是对基地的自然地形及建筑物进行垂直方向的高程（标高）设计；既满足使用要求，又要满足经济、安全和景观等方面的要求。

（2）可以表现各个景点、设施、地貌等在高程上的变化。

（3）在平面上反映：用等高线表示；重点部位用标高表示。

（4）在断面上反映：用断面图表示。

2．竖向设计的目的

（1）改造和利用地形，使确定的设计标高和设计地面能满足建筑物、构筑物之间和场地内外交通的合理要求，保证地面水有组织地排除，并力争土石方工程量最小。

（2）竖向设计对于节省施工费用，加快工程进度，具有重要的实用和经济价值。

3．基本原则

（1）功能优先，造景并重

A.景观地形的塑造要符合各功能设施的需要。

i．建筑等人工构筑物多需平地地形；

ii．水体用地，要调整好水底标高、水面标高和岸边标高；

iii．园路用地，则依山随势，灵活掌握，控制好

103

最大纵坡、最小排水坡度等关键的地形要素。

B.注重地形的造景作用，地形变化要适合造景需要

（2）利用为主，改造为辅

尽量利用原有的自然地形、地貌；尽量不动原有地形与现状植被；需要的话进行局部的、小范围的地形改造。

（3）因地制宜，顺应自然

地形塑造应因地制宜，就低挖池、就高堆山。景观建筑、道路等要顺应地形布置，少动土方。

（4）填挖结合，土方平衡

在地形改造中，使挖方工程量和填方工程量基本相等，即达到土方平衡。

4．主要内容

（1）地形设计：根据造景和功能的需要，应用设计等高线法、纵横断面设计法等对景观地形进行竖向设计。

（2）道路、铺装场地、桥梁的竖向设计：根据有关规范要求，确定景园中道路、场地、桥梁的标高和坡度，使之与周边建（构）筑物的有关标高相适应，使场地标高与道路连接处的标高相适应。

（3）建（构）筑物的竖向设计：确定建筑室内地平标高以及室外整平标高。一般情况下，室内外高差可取0.45m～0.60m，最小不应小于0.15m。

（4）植物种植设计依据对高程的要求而定。

（5）地面排水设计：确立景观的排水系统，保证排水通畅，地面不受山洪冲刷。

（6）根据排水和护坡的实际需要，合理配置必要的排水构筑物，如截水沟、排洪沟、排水渠，以及工程构筑物如挡土墙、护坡等，建立完整的排水管渠系统和土地保护系统。

（7）计算土石方工程量，并进行设计标高的调整，使挖方量和填方量接近平衡；并做好挖、填土方量的调配安排，尽量使土石方工程总量达到最小值。

5．竖向设计的一般步骤

（1）不进行场地平整时

A．确定道路及室外设施的竖向设计

道路及室外设施（如室外活动场地、广场、停车场、绿地等）的竖向设计，按地形、排水及交通要求，定出主要控制点（交叉点、转折点、变坡点）的设计

标高，并应与四周道路高程相衔接，并确定道路符合规范规定的坡度与坡长。

B．确定建筑物室内、室外设计标高

根据地形的竖向处理方案和建筑的使用、经济、排水、防洪、美观等要求，合理考虑建筑、道路及室外场地之间的高差关系，具体确定建筑物的室内地平标高及室外设计标高等。

C．确定场地排水

首先根据建筑群布置及场地内排水组织的要求，确定排水方向，划分排水分区，定出地面排水的组织计划，应保证场地雨水不得向周围场地排泄，而将场地雨水有组织地排放。正确处理地面与散水坡、道路、排水沟等高程控制点的关系。

（2）进行场地平整时

A．确定地形的竖向处理方案

根据场地内建（构）筑物布置、地面排水及交通组织的要求，具体考虑地形的竖向处理，并明确表达出设计地面的情况。设计地面应尽可能接近自然地面，以减少土石方量。坡向要能迅速排除地面积水；选择设计地面与自然地面的衔接形式，保证场地内外衔接处的安全和稳定。

B．计算土方量

针对具体的竖向处理方案，计算土方量。若土方量过大，或填、挖方不平衡，或超过技术经济要求，则需要调整设计地面标高，使土方量接近平衡。

C．进行支挡构筑物的竖向设计

对支挡构筑物（包括边坡、挡土墙、台阶等），进行平面布置和竖向设计。

D．完成不进行场地平整时所需三项步骤。

二、 平坦场地的竖向设计

1． 设计地面的形式（图4-1）

设计地面是将自然地形加以适当整平，使其成为满足使用要求和建筑布置的平整地面。平坦场地设计地面的竖向布置形式通常称为平坡式。（图4-2～图4-4）

平坡式地面是用地经改造成为平缓斜坡的规划地面形式，即将地面平整为一个或几个方向倾斜的整平面，此整平面上的标高变化幅度不大。

当自然地形坡度小于3%时，宜选择平坡式连接方式。

水平型平坡式：场地整平面无坡度。

斜面型平坡式：场地整平面由一个或几个不同坡度的斜面组成。分为单向斜面平坡式、双向斜面平坡式和多向斜面平坡式。

组合型平坡式：场地由多个接近于自然地形的设计平面或斜面组成。

2．建筑基地地面和道路坡度

（1）道路坡度（表4-1）

基地地面坡度不应小于0.2%，地面坡度大于8%时宜分成台地，台地连接处应设挡墙或护坡；

基地机动车道的纵坡不应小于0.2%，亦不应大

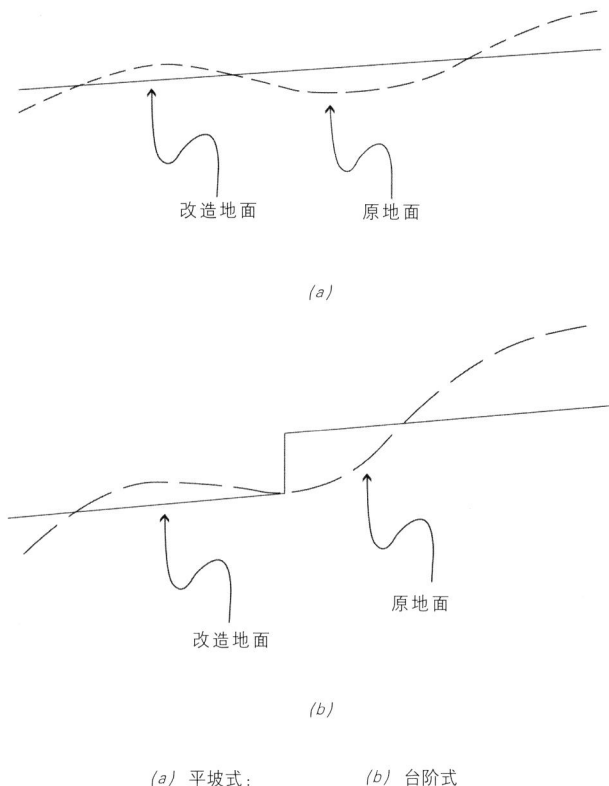

(a)

(b)

(a) 平坡式：　　(b) 台阶式

图4-1　设计地面形式

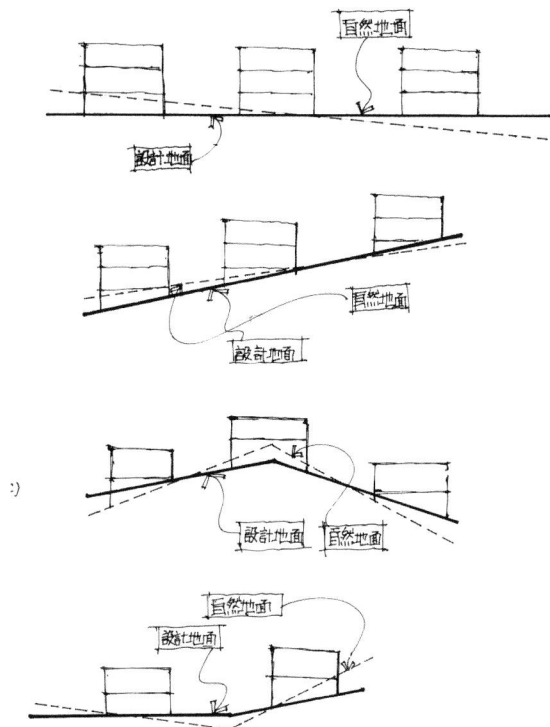

图4-2　从剖面分析地面形式

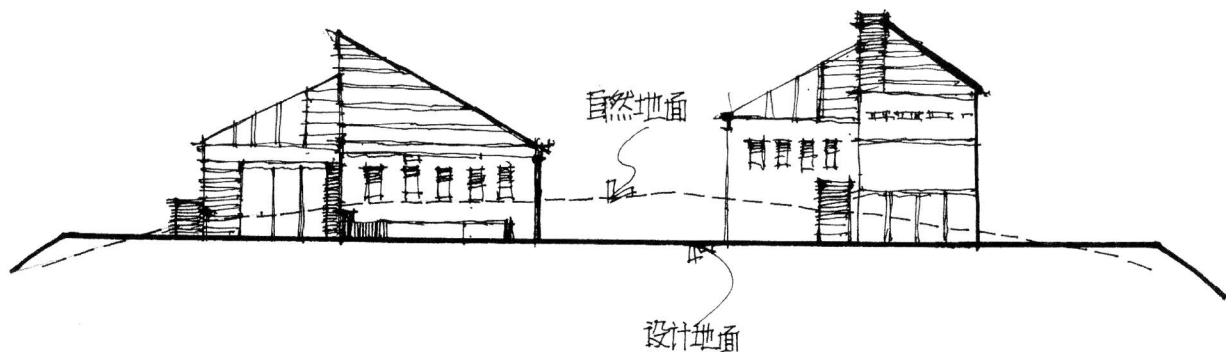

图4-3　平坡式地面

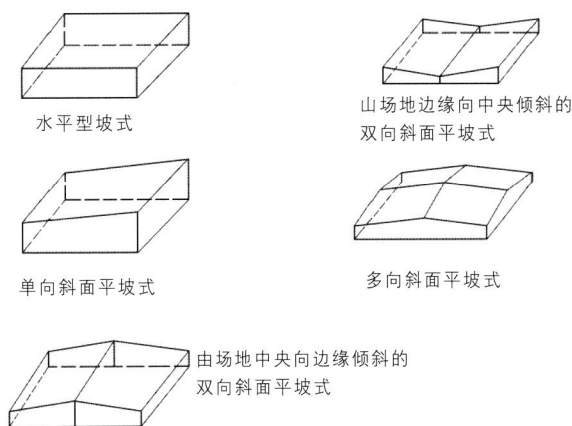

图 4-4　各种场地地面形式

表 4-1 常见坡度推荐值

用地类型	最大坡度(%)	最小坡度(%)	最佳坡度(%)
街道、车行道和停车场			
修整过的街道路拱	3	1	2
未经修整的街道路拱	3	2	2.5
路肩斜坡	15	1	2-3
街道纵坡	20	0.5	1-10
车行道纵坡	20	0.25	1-10
停车场纵坡	5	0.25	2-3
停车场横坡	10	0.5	1-3
混凝土人行道			
人行道纵坡	10	0.5	1-5
人行道横坡	4	1	1-5
入口、站台等	8	0.5	2
服务区	10	0.5	2-3
台地及就座区			
混凝土	2	0.5	1
大石板石板砖	2	0.75	1
草地			
文娱体育、游戏 (非竞争性的)	5	1	2-3
草地运动场	2	0.5	1
草坪和高草区	25	1	5-10
壤沟和土堆	20	5	10
剪过草的斜坡	25(3:1)		20
未剪草的斜坡	安息角		25
有植物的斜坡和种植床	10	0.5	3-5

场地平整方案评估

场地平整方案是否与场地现状兼容?为了满足方便易达的需要而设置台阶、挡土墙和坡道等都是造价极高的场地开发要素。但是,可以通过将场地平整方案与原有场地相结合的方式

表 4-2 各种场地的适用坡度 %

场地名称	适用坡度
密实性地面和广场	0.3~3.0
广场兼停车场	0.2~0.5
室外场地: 1. 儿童游戏场 2. 运动场 3. 杂用场地	0.3~2.5 0.2~0.5 0.3~2.0
绿地	0.5~1.0
湿陷隆黄土地面	0.5~7.0

于8%,其坡长不应大于200m;在个别路段坡度可不大于11%,其坡长不应大于80m;在多雪严寒地区坡度不应大于5%,其坡长不应大于600m;横坡应为1%~2%。

基地非机动车道的纵坡不应小于0.2%,亦不应大于3%,其坡长不应大于50m;在多雪严寒地区坡度不应大于2%,其坡长不应大于100m;横坡应为1%~2%。

基地步行道的纵坡不应小于0.2%,亦不应大于8%,多雪严寒地区不应大于4%,横坡应为1%~2%。

（2）地面坡度（表4-2）

3. 确定场地设计标高

考虑防洪排涝;（图4-5）

考虑环境景观要求。(图4-6)

三、坡地场地的竖向设计

首先,进行道路的规划设计;然后,建筑布局;其次,进行竖向设计,根据竖向设计情况调整总体布局方案;最后,确定总体布局和竖向设计的全部内容。

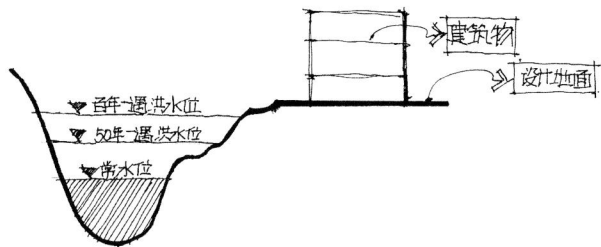

图 4-5　滨水场地设计地面对防洪排涝的考虑

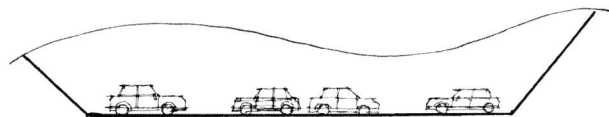

图 4-6　某景区下层式停车场对环境景观要求的考虑

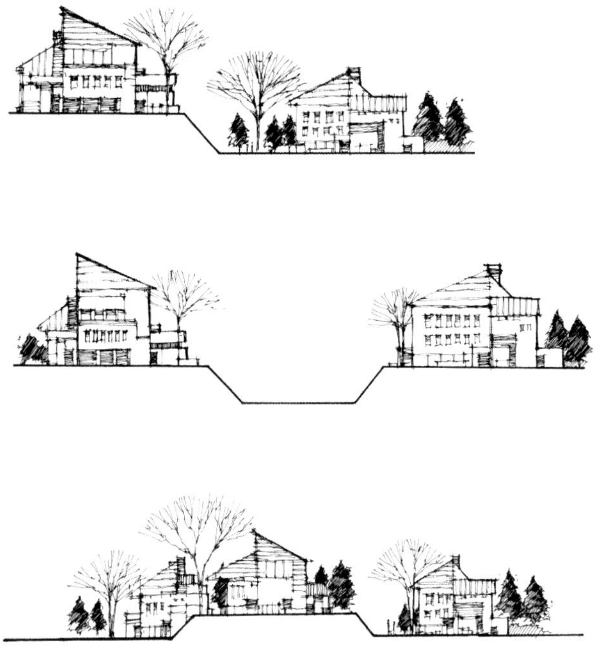

图 4－7　从剖面分析台阶式地面

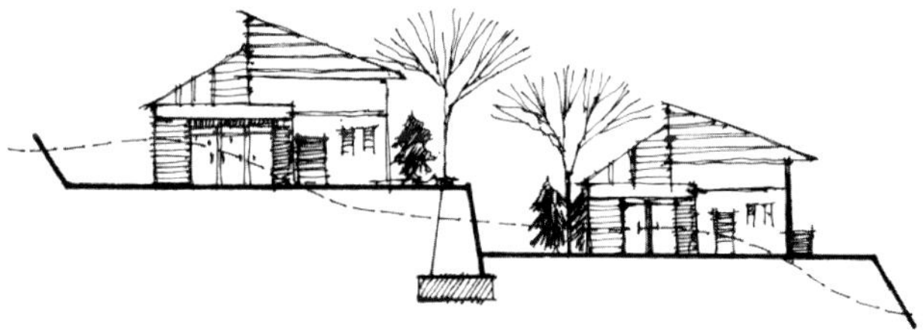

图 4－8　台阶式地面

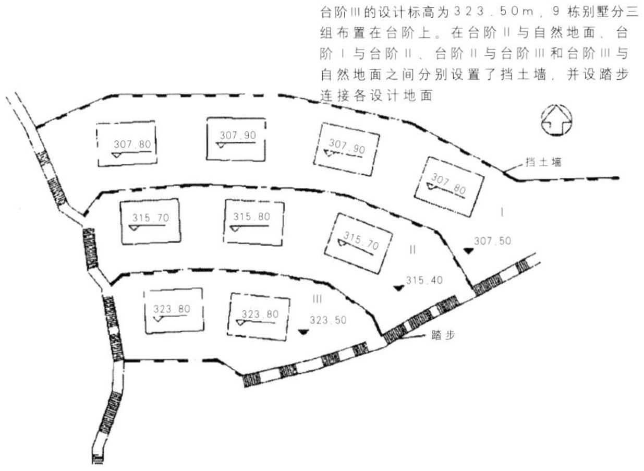
台阶III的设计标高为323.50m，9栋别墅分三组布置在台阶上。在台阶II与自然地面、台阶I与台阶II、台阶II与台阶III和台阶III与自然地面之间分别设置了挡土墙，并设踏步连接各设计地面
307.80
307.90
307.90
307.80
挡土墙
315.70
315.80
315.70
I
307.50
II
315.40
323.80
323.80
III
323.50
踏步

图 4－9　台阶式竖向设计实例

1．设计地面

场地设计地面是由几个高差较大的不同标高的设计地面连接而成，其连接处是支挡构筑物，这种竖向布置形式通常称为台阶式。（图 4－7、图 4－8）

当自然地形坡度大于 3% 时，宜选择台阶式连接方式。当自然地形坡度小于3%，但整平长度超过500m时，也可以采用台阶式连接方式。（图 4－9）

2．台阶高度

相邻设计地面之间的高差称为台阶高度。主要取决于场地自然地形横向坡度和相邻设计地面各自的宽度形成的高差。一般情况下，台阶高度不宜小于 1m。（图 4－10）

3．交通联系

（1）踏步

平面形状可为直线形、曲线形、折线形，也可对称布置，或与建筑造型一致。

踏步高度不宜超过 150mm，踏步宽度不宜小于 300mm。

连续踏步数最好不超过 18 级，18 级以上应在中间设置休息平台。

宽度不大而踏步级数超过40级时，不宜设计成一条直线，应在中间利用休息平台作错位或方向转折，利于行走安全和消除行人心理上的紧张、单调感。

（2）建筑物入口：图 4－11。

（3） 建筑结合地形布置的方法(图 4－12)

将建筑物四周勒脚高度按建筑标高较高处勒脚要求，调整到同一标高，建筑内部亦成同一标高或成台阶状。

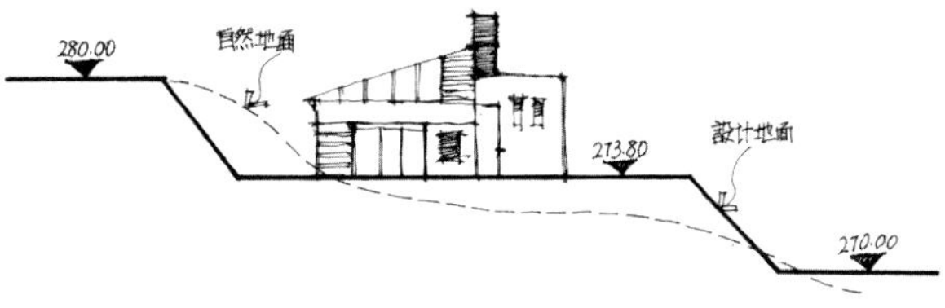
280.00
自然地面
273.80
設计地面
270.00

图 4－10　台阶高度与宽度

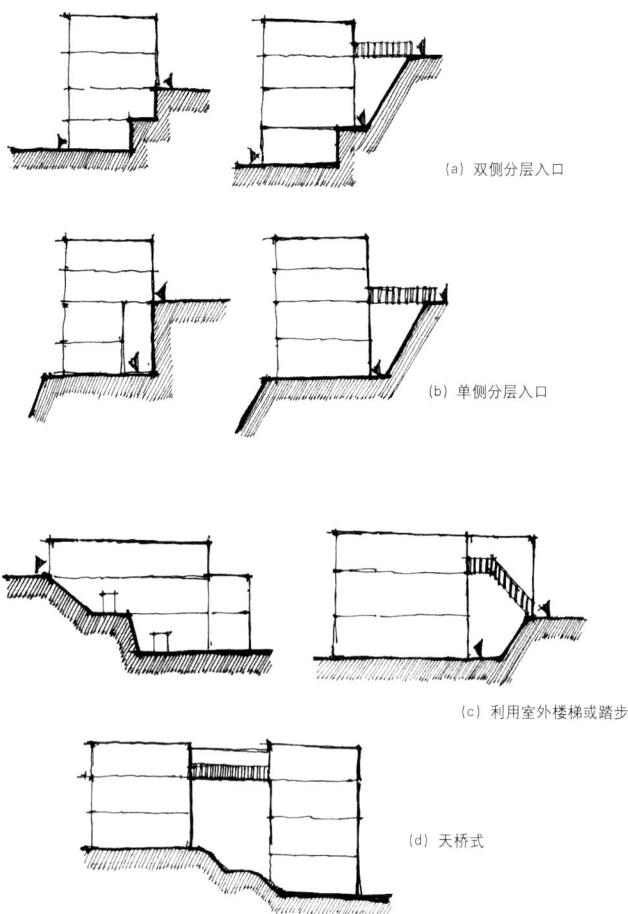

(a) 双侧分层入口

(b) 单侧分层入口

(c) 利用室外楼梯或踏步

(d) 天桥式

图4－11 灵活设置建筑物入口

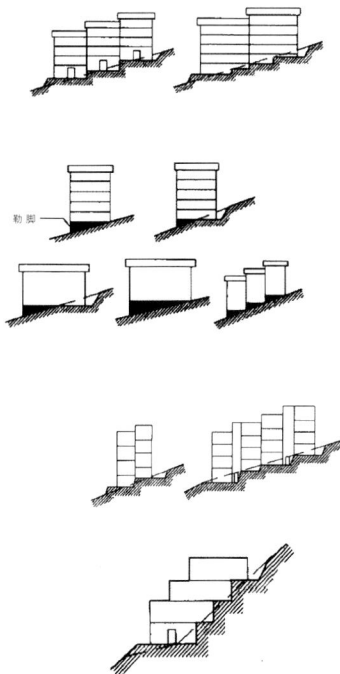

勒脚

以建筑的单元或开间为单位，顺坡势沿垂直方向跌落，处理成分段的台阶式布置形式，内部平面布置不受影响。下单元的屋顶成为上单元的平台，外形是规则的踏步状。

将建筑内部相同楼层设计成不同标高。

将建筑物基底设计为台阶状，使台阶高差等于一层或数层的层高。

4．竖向设计图纸的表达

一般将标高控制法和等高线法相结合进行竖向设计。

在原地形等高线的总平面底图上，用设计等高线对地形作重新设计。

标注场地内各处控制性标高。

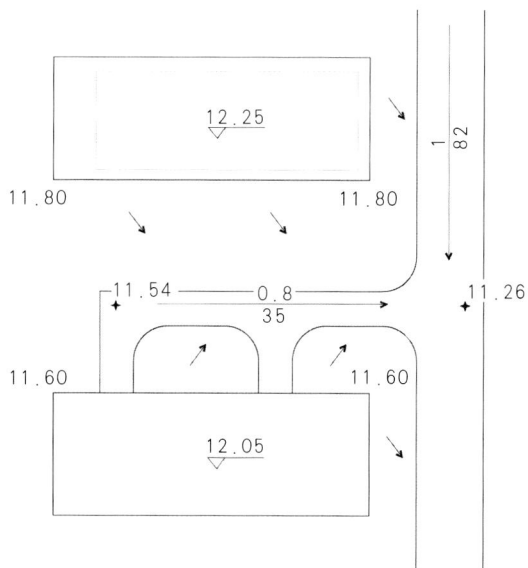

图4－13 设计标高法

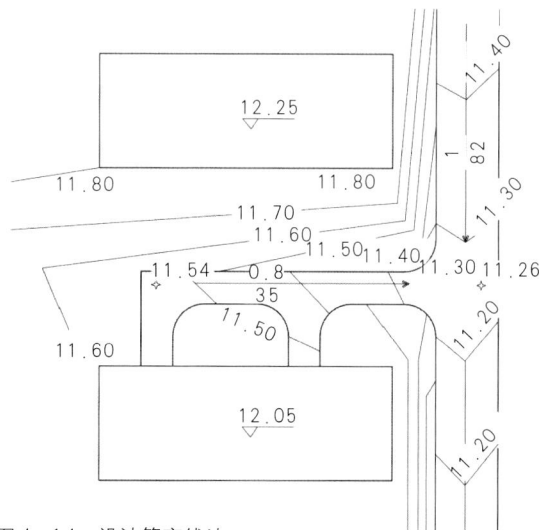

图4－14 设计等高线法

图4－12 跌落处理与提高勒脚处理

标注各主要设施的坐标和标高。如景观建筑室内地坪标高以及室外整平标高；道路纵坡度、变坡点距离和道路交叉口中心的坐标及标高；排水明渠的沟底面起点和转折点的标高、坡度，和明渠的高宽比等。

（1）设计标高法：根据地形图上所指示的地面高程，确定道路控制点（起止点、交叉点）与变坡点的设计标高、建筑室内外地坪的设计标高以及场地内地形控制点的标高，并将其注在图上。（图4-13）

（2）设计等高线法：用等高线表示设计地面、道路、广场、停车场和绿地等的地形设计情况。一般用于平坦场地或对室外场地要求较高的情况，要进行设计等高线的绘制，必须先完成道路、广场和停车场的平面布置，并确定出各控制点的标高、才能据此绘制各部分等高线。（图4-14）

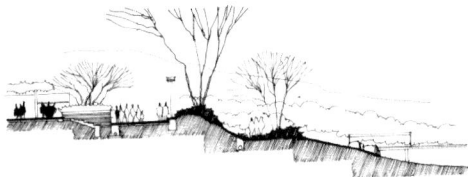

（3）局部剖面法：用剖面的方法表示地面高层。（图4-15）

（4）建筑物表示法：应表示室内地坪标高、室外地坪（平整场地）标高。（图4-16）

（5）构筑物表示法：如挡土墙，表示其顶面和底面所在台阶处的平整场地标高。（图4-17）

（6）道路表示法：表示路面中心线的起点、终点、变坡点、交叉点的标高，坡段长度、坡度。（图4-18）

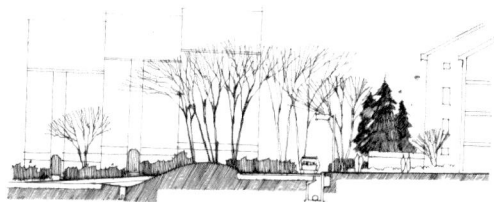

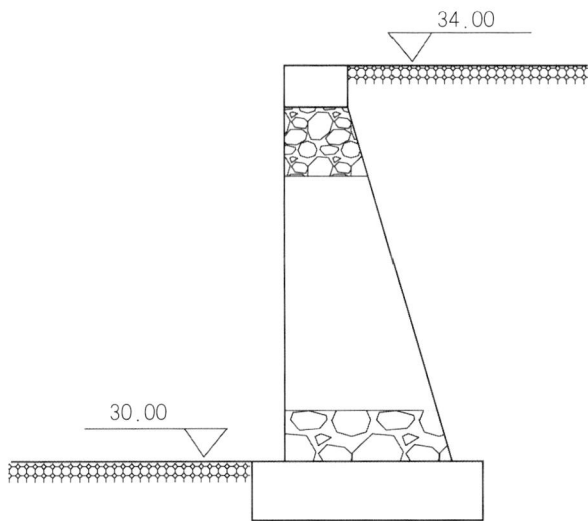

图4-15　局部剖面法

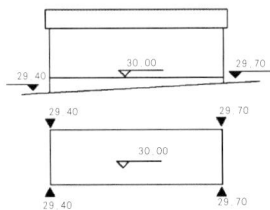

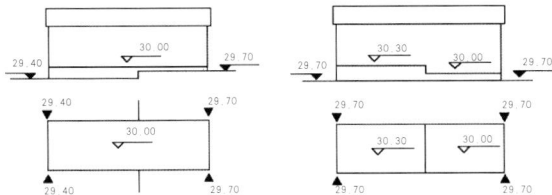

图4-16　建筑物表示法

图4-17　构筑物表示法

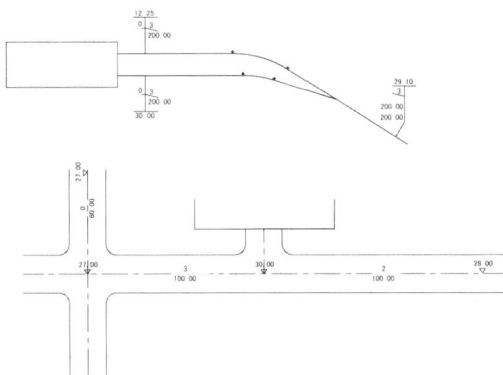

图4-18　道路表示法

第二节 场地平整

一、基本原则

场地设计在满足空间的要求上，平面设计的任务是功能布局，而竖向设计的任务就是完成土石方的平衡。根据建设项目的使用要求，结合用地地形特点和施工技术条件，合理处理场地各要素的标高，做到充分利用地形，少挖填土石方，使设计经济合理，这就是竖向布置设计的主要工作。(图4-19)

竖向布置的目的是改造和利用地形，使设计标高和设计地面能满足建筑物、构筑物之间和场地内外交通运输合理的要求，保证地面水有组织地排除，并力争土石方工程量最小。这对于节省施工费用，加快工程进度，具有重要的实用价值和经济价值。

在场地平整中影响工程成本的主要因素是土石方工程量的大小、挖填机械及运输车辆的使用情况。

原则上，平整某个场地产生的挖土量和填土量应能在本场地内消化，尽量减少对场外的影响。挖土方若大量依靠弃土而外运，那么就需要为弃土土方寻找弃土场地，造成所选弃土场地环境的人为干扰。填土方若大量依靠从场外取土，那么被取土的自然场地很可能受到严重破坏，以致水土流失，而土质较差的场地不能成为外取土的最佳来源。(图4-20、图4-21)

二、土石方计算

场地平面往往设计成一个平面或组合的几个平面，有时根据场地性质要求和实际条件，场地平面也会设计成微曲的地面，以达到合理的排水要求，并且消除组合平面之间形成的接缝。

在场地平面等高线调整中，一般会对平整后的场地有两种要求：

一种是根据要求的场地坡度，控制调整后的等高线之间的距离。当要求调整后的场地坡度是一个固定值时，根据坡度公式，只要保持一个固定的等高线间距就可达到坡度要求；当要求调整后的场地坡度是一个范围值时，根据坡度公式，只要保持等高线间距在某个相应的范围值内就可达到此时的坡度要求。

另一种是保证场地上某一方向的坡度值为一个固定值或一个范围值。土石方工程是场地设计中比较重

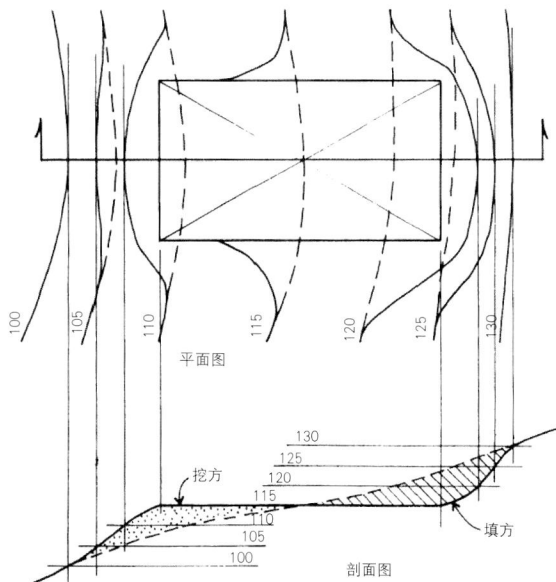

图4-19 挖方与填方

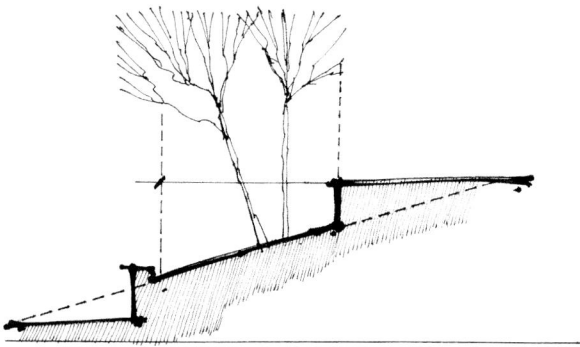

图4-20 挖填方平衡的原理

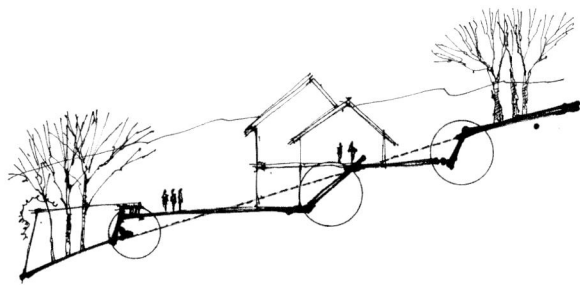

图4-21 挖填方平衡的案例

要的一环，尤其在需要大的平坦场地的建筑中，如飞机场、体育运动场、公共广场等。土石方的计算，对确定施工造价、确定土方总量是否平衡，以及估算向场内运进土方量等是必需的。

计算填挖土方量时，由于地形的变化比较复杂，要得到精确的计算很困难，因而需要根据计算结果把

场地地形假设为一定的几何形状，采用具有一定精度和与实际情况近似的方法进行计算。

计算填挖土方量主要有网格法、垂直截面法、等高线水平截面法等。现在大多填挖土方量的计算都需要以计算机作为主要工具。由于人工计算工作量很大，在时间和精力上产生大量的消耗，所以计算机的应用逐渐成为计算土方量的主要工具。同时计算机的运用也大大提高了计算的精确程度。对于建筑设计人员来说，填挖土石方的计算中主要是掌握其计算原理和一些必要的估算能力。

挖方过程相当于使原地面等高线向高处移动的过程。填方过程相当于使原地面等高线向低处移动的过程。

网格法是工程土方量计算中应用最为普遍的一种方法。在进行土方量计算之前，将由等高线表达的场地平面图划分成方格网，每个方格的边长根据计算精度不同的要求长短也不同。如果只要求估算程度时，或场地面积大时，或场地地形不太复杂时，可以采取20m或40m的方格边长。需要比较准确程度时，或场地面积较小时，或场地地形比较复杂时，可采取5m或10m的方格边长，有时甚至采取更小的边长。方格边长取得越小，虽然其计算结果越精确，但计算工作量也急剧增加，所以应合理地确定边长。

网格法是以原地面和设计地面两者叠和的平面作为基础进行表达的。方格网中边线的交点为角点，一个方格有四个角点。在每个角点进行原地面高度和设计地面高度的表达，即在角点右下方标注原地面在该角点的标高；在角点右上方标注设计地面在该角点的标高；在左上方标注原地面和设计地面的高度差（称为各角点的施工高度），当该角点为挖土状态时（即原地面标高大于设计地面标高时）在高度差前面用"–"号表示；当该角点为填土状态时（即原地面标高小于设计地面标高时），在高度差前面用"+"号表示。（图4-22 网格法）

每个角点的原地面标高或者设计地面标高，都可以通过作出该角点的等高线间距，利用内插法公式（图4-23 内插法公式）计算得出该角点的标高。（图4-24）

在既有挖方又有填方的场地工程中，会在挖方区和填方区的交接处出现施工高度为零的一条线，称为零线，或填挖平行线。

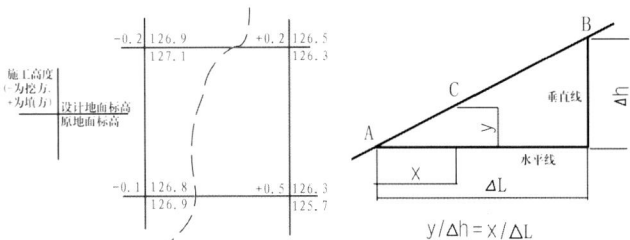

图4-22　　　　　　　　图4-23

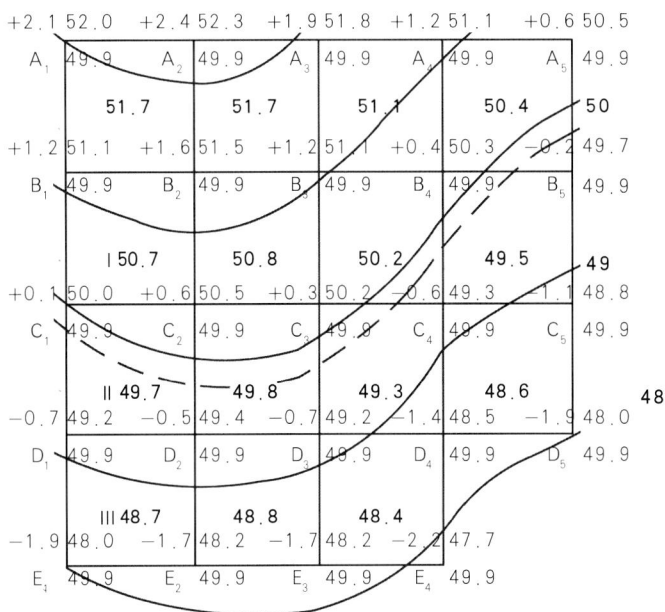

图4-24

计算填、挖土石方量有两种情况：一种是整个方格全填或全挖方，如图4-24方格Ⅰ、方格Ⅲ。另一种是既有挖方又有填方的方格，如图4-24方格Ⅱ。现以图4-24方格Ⅰ、Ⅱ、Ⅲ为例，说明其计算方法：

方格Ⅰ为全挖方：

$V_{Ⅰ挖}=1/4(1.2m+1.6m+0.1m+0.6m)×A_{Ⅰ挖}=0.875A_{Ⅰ挖}m^3$

方格Ⅱ既有挖方，又有填方

$V_{Ⅱ挖}=1/4(0.1m+0.6m+0+0)×A_{Ⅱ挖}=0.175A_{Ⅱ挖}m^3$

$V_{Ⅱ填}=1/4(0+0-0.7m-0.5m)×A_{Ⅱ填}=-0.3A_{Ⅱ填}m^3$

方格Ⅲ为全填方：

$V_{Ⅲ填}=1/4(-0.7m-0.5m-1.9m-1.7m)×A_{Ⅲ填}=1.2A_{Ⅲ填}m^3$

式中$A_{Ⅰ挖}$、$A_{Ⅱ挖}$、$A_{Ⅱ填}$、$A_{Ⅲ填}$为各方格的填、挖面积(m^2)。

第三节 场地排水

场地的汇水、排水涉及场地维护、经营等实际问题，是整体设计行为的末端，也是使景观效果和细节更加合理化的保障。

一、排水系统

1. 地表自然排水：不设置任何排水设施，利用地形坡度及地质和气象上的特点排除雨水。一般适用于雨量较小的情况或是局部小面积的地段。

2. 地下雨水管道排水：在场地面积较大，地势平坦，不适于采用地表排水时，或场地对卫生及环境质量要求较高时，或场地中大部分建筑物屋面采用内排水时，或场地排水系统要求与城市雨水管道系统相适应时，采用管道式雨水排出方式较为合适。（图4-25）

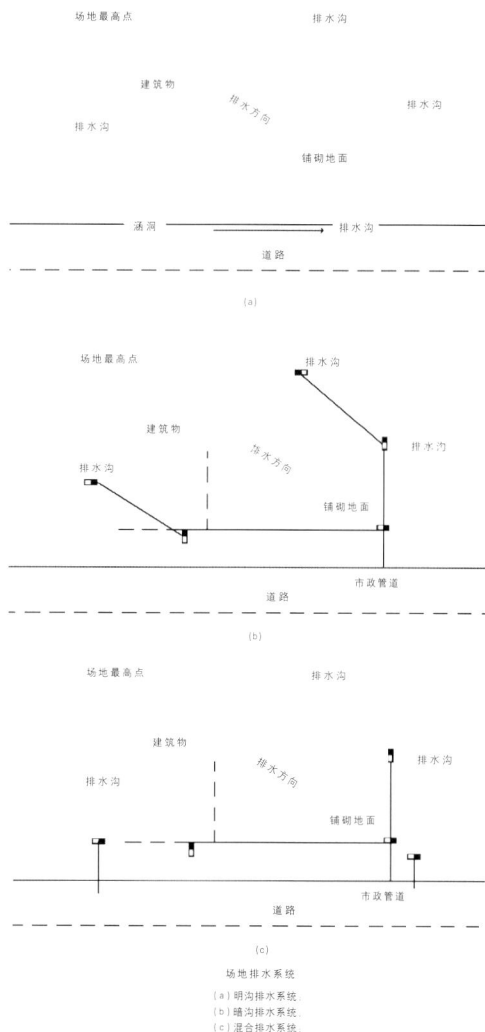

图4-25 排水系统

二、排水方式

1. 向边处排水（图4-26）

2. 向角处排水

（1）一角排水（图4-27）

（2）二角排水（图4-28）

3. 其他排水方式：

如两边排水、三边排水、三角排水、四角排水等。

4. 处理建筑、场地与排水系统的关系（图4-29）

（1）建筑物位于场地一侧的高地上，使水能经过场地排出场外；

（2）将建筑物建造于场地的中央区域的山地上，使水能分散于场地；

（3）将建筑物挑高，使地形和排水经过、穿过建筑，并且避免建筑位于排水困难的低洼地区。如确实有必要位于低洼区，将建筑物四周筑小坡保护建筑物，建筑物底部需要有消除积水的设施；

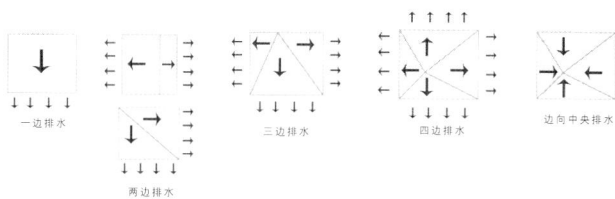

图4-26 向边处排水

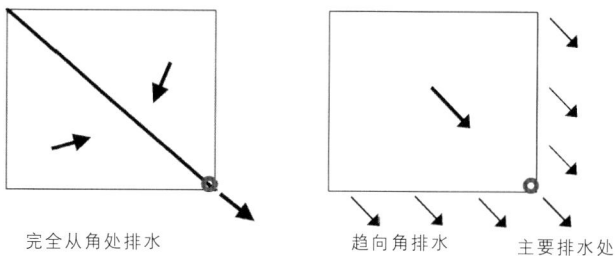

图4-27 一角排水

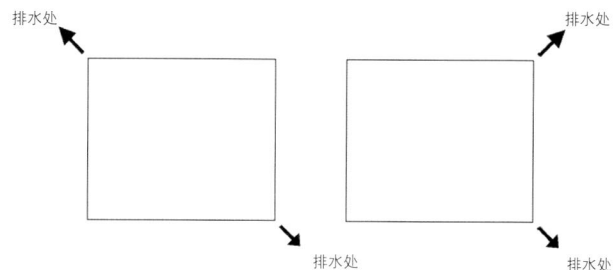

图4-28 两角排水

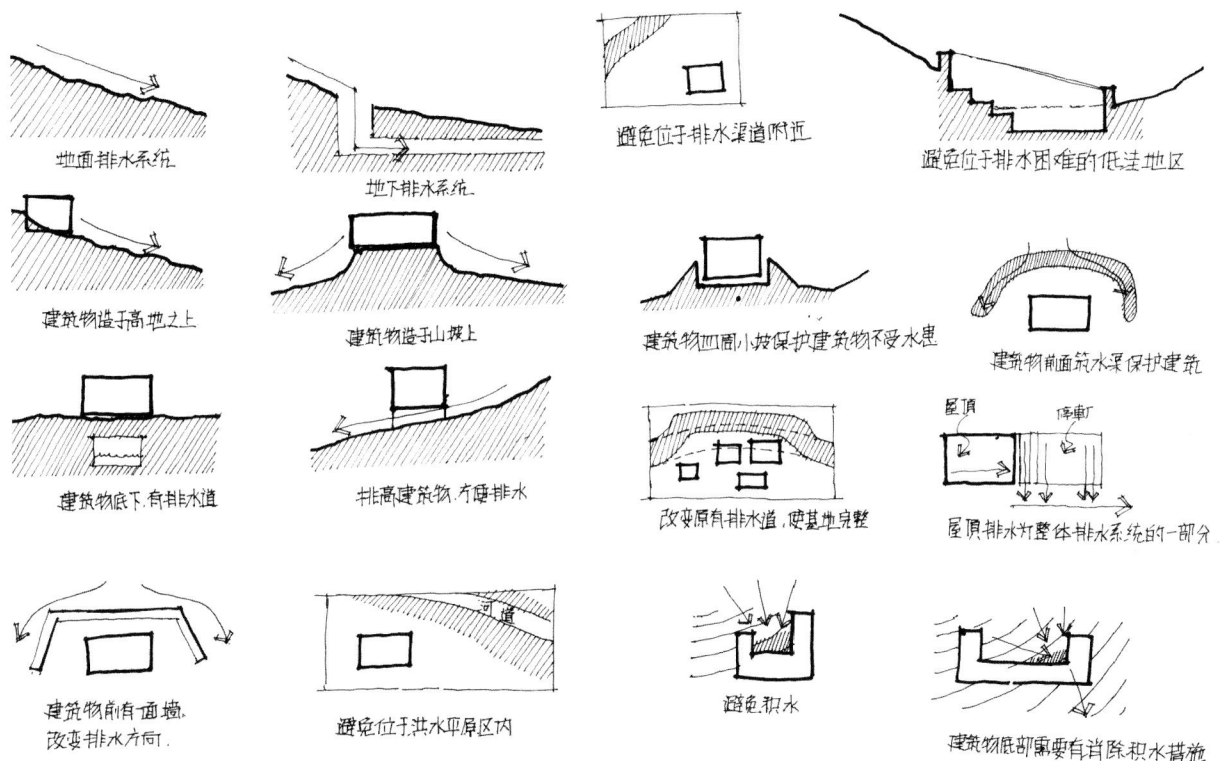

图4-29 建筑、场地与排水系统的关系

表4-3 地面排水坡度

地面种类	排水坡度（%）
粘土	大于0.3，小于5
砂土	不大于3
轻度冲刷细沙	不大于1
湿陷性黄土	建筑物周围6m范围内不小于2,6m以外不小于0.5
膨胀土	建筑物周围2.5m范围内，不宜小于2

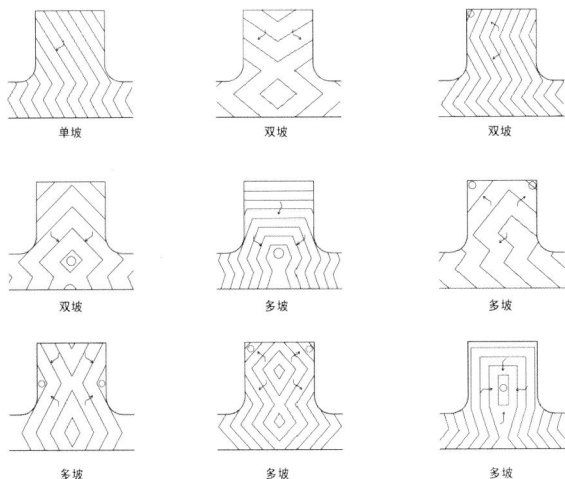

图4-30 排水坡度

（4）尊重基地的完整性，改变原有的排水线路；

（5）周全考虑屋顶排水使其成为整体排水的一部分，巧妙利用停车场的铺面引导排水。

三、排水坡度（表4-3、图4-30）

1．当相邻道路为单向下坡时：

广场坡度可设计成与道路坡向一致的单斜面，无积水点。

广场设计为与道路坡向一致的双斜面，有一个积水点。

广场设计为三个斜面，有两个积水点。

2．当相邻道路为向外的双坡时：

广场设计为两个斜面，无积水点。

广场设计为四个斜面，有两个积水点。

3．当相邻道路为向内的双坡时：

广场设计为两个斜面，有一个积水点。

广场设计为三个斜面，有一个积水点。

四、各地段的排水措施

1．大型开阔场地

一般来说，大量的地表水膜径流汇成水流，随后汇入蓄水系统。在这种情况下，关键问题是如何降低地表径流的速度和流量以提高水质。为避免地面侵蚀，地表水膜径流的深度不应超过 25mm，而速度不应超过 0.8～0.9m/s。水流经过的地方应尽可能利用植物的沼泽地和渗透设施，因为它们能降低流速，提高品质。

2.高频率使用场地

这些地段要求迅速排水，以利于人们使用。设计上要使地表雨水迅速排入水沟，如铺装上的雨水流入水槽或草坪上的雨水流入沼泽。沟渠的最小坡度是 0.5%～1.0%，地表的最小坡度是 1.5%～2.0%。由于空间的局限和人的活动，下水道或其他封闭系统通常用来将周围的雨水排走。铺装地面上的雨水应流入有植被的地面，以便过滤和降低流速。但有植被的地表径流不应流到铺装表面上，因为这样会增加水的流速，并会产生淤泥及使有机物质沉积。

3.道路及其他线性系统

城市道路通常为硬质表面，应采取向两侧排水的措施，由道牙及沟渠系统聚集雨水（由此也导致了水流的加速），或在场地允许的情况下排入有植被的路边沼泽（由此可降低流速，并有过滤和渗透作用）。道路和铺装区附近要求有汇水设施（即雨水口、排水管和渗透系统）以免造成积水。一般两面坡度为 2%，水膜浅流在流入雨水口前长度不应超过 20m～30m。来自道路及附近停车场的雨水应当过滤以保持水质，通常要求有滞水区以保证预处理前的径流流速。

第四节　功能完善

一、管线布置

管线布置是根据设计中的要求来确定场地中的各种管线的平面位置，这是场地详细设计的一项重要内容。管线的布置工作是由场地设计者和设备方面的技术人员合作完成的。各种工程管线由各自的专业设计人员布置完成之后，场地设计者须进行管线的综合设计，统筹安排各种管线的布置，妥善解决诸管线之间以及与建筑物、道路、绿化等内容间的矛盾，使之各得其所，并为各管线的设计、施工及管理提供良好的

条件。

1.一般原则

场地设计涉及的工程管线包括城市公用设施的各个方面。一般有给水管道、排水管道、燃气管道、供热管道、电力电缆、通讯电缆等。其中，给水、燃气、热力管道是有压力的，排水管道是无压力自流的。场地中的管线布局，压力管线均与城市干线网有密切关系，管线要与城市管网相衔接；重力自留的管线与场地中的排水方向及城市雨污水干管相关。在进行管线综合布置时，与周围的城市市政条件及场地的竖向规划设计互相配合、多加校验，才能使管线综合方案切合实际。

场地管线的设置在一般情况下采取下敷设方式，在具体的设计中需要注意：各种管线的敷设不应影响建筑物的安全，并且应防止管线受腐蚀、沉陷、振动、荷载等影响而损坏。管线应根据其不同特性和要求综合布置，对安全、卫生、防干扰等有影响的管线不应共沟或靠近敷设。地下管线的走向宜沿道路或与主体建筑平行布置，并力求线型顺直、短捷和适当集中，尽量减少转弯，并应尽量减少管线之间与道路之间的交叉。与道路平行的管线不宜设于车道下，不可避免时应尽量埋深较大、翻修较少的管线布置在车道下。

2.基本布置次序

电力管线或电信管线、燃气管、热力管、给水管、雨水管、污水管、小于106kv的电力电缆、大于10kv的电力电缆、燃气管、给水管、雨水管、污水管。

当管线的布置出现交叉情况时，应按以下原则来处理：燃气管道应位于其他管道之上，给水管应在污水管之上，电力电缆应在热力管和电讯电缆下面，并在其他管线的上面。当地下管线重叠时，应将经常检修的、管径小的放在上面，将有污染的放在下面。当管线布置发生矛盾时，应遵循下面的原则：临时管线避让永久管线，小管线避让大管线，压力管线避让重力自流管线，可弯曲管线避让不可弯曲的管线，施工量小的管线应避让施工量大的管线。

为了减少电力电缆，尤其是高中压电力电缆对电信的干扰，电力电缆宜远离电信管（缆）。一般原则是将电缆布置在道路的东侧或南侧，电信管（缆）布置

在道路的西侧或北侧。这样既可以简化管线综合方案，又能减少管线交叉的相互冲突。

地下管线一般应避免横贯或斜穿场地中的成片绿地，以避免限制绿地种植和其他景园设施的布置。某些管线的埋设还会影响植物的生长，比如暖气管会烘烤树木等。另一方面，树根的生长往往又会使有些管线受压迫而破裂。如果因条件所限，管线必须穿越绿地时，则应尽量从边缘通过，减少不利影响的范围。

通危险构成，影响着使用同一个设施的所有人。因此，现在有了为残疾人制定的许多标准，同时也为所有的使用者增加安全。这些人包括：使用轮椅的人、有体力限制的人、小孩子、视觉损害者、听觉损害者、语言表达障碍者。

这些情况中的每一个人群对场地设施都有着许多特殊的要求。然而，通常为一个人群准备的设施也要有助于其他人群的使用。特殊的规范通常也适用于许

表4-4   种植树木与建筑物、构筑物、管线的水平距离

名称	最小间距		名称	最小间距	
	至乔木中心	至灌木中心		至乔木中心	至灌木中心
有窗建筑物外墙	3.0	1.5	给水管、闸	1.5	不限
无窗建筑物外墙	2.0	1.5	污水管、雨水管	1.0	不限
道路侧面，挡土墙脚、陡坡	1.0	0.5	电力电缆	1.5	
人行道边	0.75	0.5	热力管	2.0	1.0
高2米以下围墙	1.0	0.75	弱电电缆沟、电力电讯杆、路灯电杆	2.0	
体育场地	3.0	3.0	消防龙头	1.2	1.2
排水明沟边缘	1.0	0.5	煤气管	1.5	1.5
测量水准点	2.0	2.0			

3.布置间距

各类管线应根据不同的特性和设置要求综合布置。为避免相互之间的干扰，管线与管线应保持一定的水平和垂直间距。考虑到建筑物的安全要求和防止管线受腐蚀、沉陷、震动及重压的影响，各种管线与场地中的各种建筑物、构筑物之间还应保证一定的水平间距。为避免地下管线对场地中树木生长的不利影响，同时也为避免树根对管线的破坏，地下管线的布置与绿化树木之间同样须保持一定的安全距离。（表4-4）

二、无障碍措施

对于场地设计师来说，在目前可实施的标准方面，与时俱进变得更加重要，特别是那些对场地的设计决策和详细设计有着重大影响的因素。

"障碍"通常是阻碍人们沿着一条路径进入或者旅行的某种事物。然而，就像许多情形所描述，它由普

多情况。

建筑和场地设计，应对各种情况进行考虑，例如结构负荷的抵抗能力、火灾危险、电击、受到有毒物质的侵害、照明差、被污染的空气或者水，以及看起来安全但实际上不安全的任何事物。在建筑规范中，几乎对每件事物都作了基本的描述。

当可适用的规范建立在某种安全标准之上时，人们应该知道规范的本质是提供最低的要求。所以应该

表4-5   无障碍设计中不同位置的坡道坡度和宽度

坡道位置	最大坡度	最小宽度(m)
1.有台阶的建筑入口	1:12	≥1.20
2.只设坡道的建筑入口	1:20	≥1.50
3.室内走道	1:12	≥1.00
4.室外通路	1:20	≥1.50
5.困难地段	1:10~1:8	≥1.20

无障碍设计中不同坡度高度和水平长度

坡度	1:20	1:16	1:12	1:10	1:8
最大高度(m)	1.50	1.00	0.75	0.60	0.35
水平长度(m)	30.00	16.00	9.00	6.00	2.80

创造最佳的条件，在几乎所有的情形中都超越规范要求。这需要理解规范要求的基本原则，受规范约束的目的和要解决的真正问题。（表4-5）

三、照明

户外照明服务于各种不同的目的。了解不同类型的照明需要是非常重要的。

一般照明：有时需要为场地的一个区域提供普遍的、全部的照明，有时也可能是整个场地。区域的大小和所需要的照明强度标准依据照明的原因而定。

一般照明最常见的形式是一个固定装置，或者一系列有间隔的固定装置，需要考虑如下方面：

高度：灯源到照射物之间的距离。

间距：灯源之间的服务距离。

形式：诸如漫反射、点射等。

类型：光照数量、光的颜色、光谱的特性。

建筑照明：使建筑物夜间更醒目，让照明的固定装置像聚光灯一样照射到建筑上，同时可以照亮其他场所。

交通照明：车行道和交通步行要道在夜间的照明，使道路系统在夜间更为安全与舒适。可以区域为单位分开完成，也可以是特殊的分离出来由一个系统单独完成。

安全照明：在需要提示重要信息的地点如入口，或者有危险可能性的地点（如梯步、斜坡等）。

特殊照明：通常为了能够在夜间观察到场地上的一个实体而提供的照明，如某一建筑或者雕塑，甚至是一棵景观树或者一片整齐的草坪灌木。

装饰照明：灯光作为一种艺术的形式加以利用。所有的场地照明都希望以一种吸引人的和令人愉快的装饰方式来规划。

四、其他设施

1.护土结构

护土结构可分为加固筑堤、护土段墙和垒墙系统及硬性保护墙。（表4-6）

2.沟渠

地表面的排水容易汇集到沟渠之内。在自然界随

表4-6

护土结构的类型

类型	应用	设计标准	维修
加固筑堤			
草皮（纤维垫、草地或种子）	稳固切口/填方	最大坡度为1:2，避免水膜径流。要经常对上部沼泽进行检查	需要灌溉，若需修剪草坪，最大坡度为1:3
用乱石加固	稳固易受侵蚀的堤岸	最大坡度为1:1.5，固定在骨料基层上，要经常对上部沼泽进行检查	定期进行修补和去掉碎片
用石材或料石加固	用于稳固装饰要求高的短坡	最大坡度为1:1.5	定期进行除草和边缘的修补
浇筑混凝土	用于稳固短坡（温暖气候）	最大坡度为1:1，浇筑在骨料层上，在坡底部设基座；在结合处密封以减少水分渗入；在气候湿润地区要有泄水孔	非常低
根加固	加固自然驳岸（湿润气候）	最大坡度为1:1.5，将含纤维的长根的小灌木置放在原木屋或麻黄卷中	定期修剪以促进根系生长
挡土墙系统			
干砌石	矮墙	最高3000mm（10英尺），基础建在骨料层上，用骨料回填，墙顶部宽至少450mm（20英寸）。压顶石用灰泥固定	定期对石墙进行重垒，特别是沿着墙顶部
网筐	实用价值很高的墙，可以是水播种子或设计成能使植被被自然生长在墙体表面	用金属网来增加强度，高墙用交错的表现或内倾6°，基础设在骨料层上，用骨料回填	定期检查和维修网体，顶部修复
挡土墙	用于矮墙或高墙，为便宜的标准组件系统，可用在居所及研究所，很容易做成曲线	有许多单元组合，有缝隙的石墙单元表面3°~6°内倾，垂直表面用于预制的重型"T"型结构，可能需要横向加固	表面有缝隙的石墙易受盐和其他腐蚀影响
格笼和厘式	此类墙经常使用，可以结合植被在墙面生长	通常墙体3°~6°内倾，基础建在骨料层上，厘栏内用骨料填充，同样也用骨料回填，基部需要排水	定期检查及顶部修复
刚性保护墙			
重力式	低到中等高度装饰要求高的挡土墙，通常为排超载墙	最高3000mm（10英尺），除非预防黏土情况，基础建在压实的地基上，基部需要排水及泄水孔	墙顶需定期修整以维持正常排水

着地面等高线走向，沟渠最后汇聚形成小溪和河流。对于开发过的场地，通常有必要制造新的沟渠，并将其作为地表面排水设计的组成部分。

建造的沟渠可以是封闭的（暗渠），以管道或者渠道的形式排水。在某些情况中，明渠可以流入已有的排水系统或者进入自然的河流、湖泊中。

3.隧道

大型的场地开发，通常涉及一些地下隧道的使用。

排水系统：地埋管道是排水的主要方式，管道材料有钢、铸铁、纤维加固的塑料，或者耐火土等不同类型的材料。如果要求的流量增加，就要使用较大的管道，这时，一些隧道建筑也成为选择之一。

公用设施：使用隧道能够很容易地完成对公用设施的长期维护和改造。煤气、水、电力和电话线路都可以用隧道来输送。

4.楼梯

为了安全，通常外部楼梯倾斜的坡度要做得比内部的楼梯稍微缓一些。实际上，一个单独的踏步，不管多高，除非能给出一些清楚的信号，否则都有可能是危险的。

户外的楼梯依据交通、物体结构的支持情况，以及总体的场地开发，能够通过多种建筑形式来实现。混凝土楼梯可以修建成铺筑地面，置于土壤基础上，或者成为地面上的框架结构。

5.交通标志

交通功能是场地开发很重要的方面，目的是为了方便出入和使场地功能有明确的导向系统，这是场地设计在完善阶段的工作之一。标志可采用一种吸引人的方式设计，重要的是可读性和引人注目这一基本功能。（表4-7）

表4-7　场地标识

工作计划——得到指导性的设计图纸

在第四单元里，对处理场地的方式进行了详细的介绍，那么在具体的工作环节中，图纸应该进行到以下要求的深度：

1．场地范围非常明确和清晰，道路、人工构筑物都需规划、设计完毕，然后，在此基础上完成以下工作：

（1）整个设计场地的放线图、坐标放样定位图；

（2）标注红线的角点坐标；

（3）道路转弯圆形坐标；

（4）转弯半径；

（5）人工设施角点坐标或中心点的坐标。

2．通过对地形标高的确认，做出平整场地的方式和计划，将标高标注在图纸上。

（1）场地标高图；

（2）场地剖面图，特别是地台界面的处理方式要单独标明；

（3）根据场地平整的原则方法，计算工程土石方；

3．场地地形确定下来后，完成给排水图；

4．继续考虑场地的其他设施，完成照明设计图；

5．根据地下管线的布局原理，完成管线图纸。

本单元的工作是较为繁琐的，为了使设计到位和能够具体实施，需要耐心查阅相关图纸和规范；特别是很多细节的做法，是我们要深入考虑的，因为有些设计在大的布局、规划上是合理的，但在局部细节上却容易被忽略。

同时，这一单元的工作内容已不再是单纯的完成图纸的工作，还涉及施工过程中的技术问题、工程量问题、造价问题、对成本的节约问题、生态问题，这些内容需要多与各专业人士和部门沟通、探讨。

主要参考文献：

《景观设计学——场地规划与设计手册》．约翰·O．西蒙兹编著．北京：中国建筑工业出版社，2000年8月

《城市公园与开放空间规划设计》．(美)亚历山大·加文　盖尔·贝伦斯等著．李明　胡迅译．北京：中国建筑工业出版社，2007年8月

《生命的景观——景观规划的生态学途径》．(美)弗雷德里克·斯坦纳著．周年兴　李小凌　俞孔坚等译．北京：中国建筑工业出版社，2004年4月

《景观设计师便携手册》．(美国)尼古拉斯·T·丹尼斯等著．刘玉杰译．北京：中国建筑工业出版社，2002年10月

《景观建筑形式与纹理》．(英)凯瑟琳·迪伊编著．周剑云　唐孝祥　侯雅娟译．杭州：浙江科学技术出版社，2004年2月

《建筑学场地设计》．闫寒著．北京：中国建筑工业出版社，2006年4月

《城市设计基本原理——空间·建筑·城市》．(德)沙尔霍恩　施马沙伊特著．陈丽江译．上海：上海人民美术出版社，2005年5月

《风景园林设计》．王晓俊编．南京：江苏科学技术出版社，2005年7月

《城市意象》．(美)凯文·林奇著．项秉仁译．北京：华夏出版社，2006年4月

《城市公园设计》．孟刚　李岚　李瑞冬　巍枢编著．上海：同济大学出版社，2005年9月

《简明场地设计》　(美)安布罗斯　(美)布兰多著．北京：中国电力出版社，2006年1月